Silvia Collini

HISTORIA DE LA CIENCIA Y DE LA TECNOLOGÍA

El siglo de la industria

EDITEX

HIPERLIBROS DE LA CIENCIA

Una enciclopedia
dirigida por Giovanni Carrada

VOLUMEN 23
HISTORIA DE LA CIENCIA Y DE LA TECNOLOGÍA
El siglo de la industria

Texto: *Silvia Collini*
Ilustraciones: *Studio Inklink*
Proyecto gráfico: *Sebastiano Ranchetti*
Dirección artística y coordinación: *Laura Ottina*
Maquetación: *Laura Ottina*
Redacción: *Leonardo Cappellini*
Fotomecánica: *Venanzoni D.T.P.* - Firenze
Traducción: *Cálamo & Cran*

Para la edición en España y países de lengua española:
© **Editorial Editex, S. A.**
Avda. Marconi, nave 17. 28021 - Madrid
I.S.B.N. colección completa: 84-7131-920-9
I.S.B.N. volumen 23: 84-7131-943-8
Número de Código Editex colección completa: 9209
Número de Código Editex volumen 23: 9438
Impreso en Italia - Printed in Italy

DoGi

Una producción DoGi: spa Florencia

SUMARIO

CÓMO SE USA UN HIPERLIBRO

Un Hiperlibro de la ciencia se puede leer como se leen todos los libros, es decir, desde la primera a la última página. O también como una enciclopedia, yendo a buscar sólo el argumento que nos interesa. Pero lo mejor es leerlo precisamente como un *Hiperlibro*. ¿Qué quiere decir esto?

La imagen, al lado del título, representa el contenido de cada epígrafe y es siempre la misma en todos los volúmenes.

La flecha grande, que entra en la página desde la izquierda, señala que el contenido está relacionado con el de la página precedente.

Las imágenes dentro de la flecha hacen referencia a los epígrafes anteriores a los que puedes recurrir para ampliar conocimientos sobre el que estás leyendo.

Bajo cada imagen se indican el número del volumen y la página a consultar.

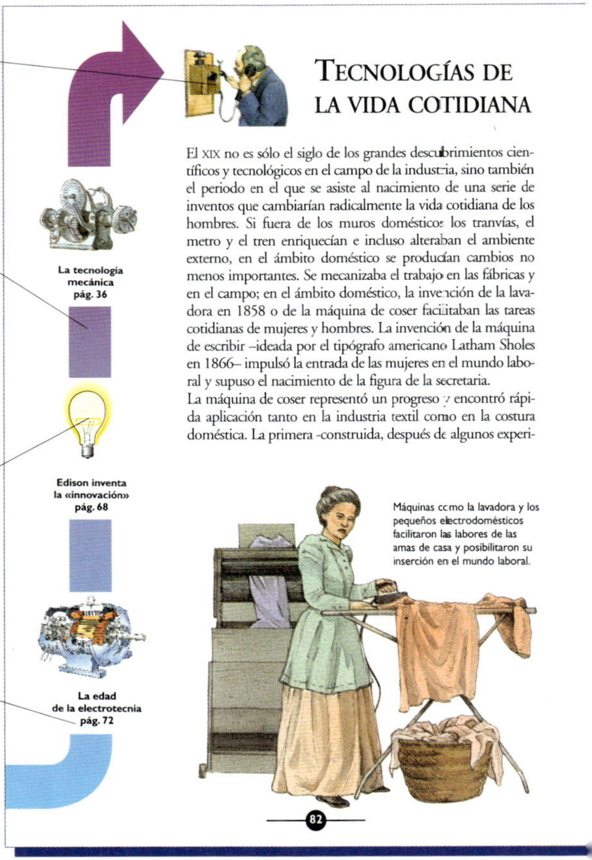

Hiperlibros de la ciencia

1 La materia
2 Fuerzas y energía
3 La química
4 Luz, sonido, electricidad
5 El cosmos
6 La conquista del espacio
7 Dentro de la Tierra
8 El clima
9 Los secretos de la vida
10 Las plantas
11 El reino animal - Los invertebrados
12 El reino animal - Los vertebrados
13 El comportamiento animal
14 La ecología
15 Los océanos
16 La vida en la Tierra

En la ciencia, cada argumento está ligado a muchos otros, tal vez pertenecientes a sectores completamente diferentes pero todos importantes para comprenderlo mejor. Encontrarlos no es un problema gracias a Hiperlibros. El que quiera conocer un argumento, leerá las páginas que se refieren al mismo y, desde ahí, partirá a explorar todas las conexiones, simplemente «siguiendo las flechas».

Por lo tanto, se puede abrir un Hiperlibro en cualquier página y, a partir de esta, navegar en el mundo de la ciencia dejándose guiar por las remisiones ilustradas, siguiendo nuestras búsquedas o la curiosidad del momento.

La flecha grande que sale de la página desde la derecha indica que el argumento de la página está ligado estrechamente a los de las páginas sucesivas, las cuales lo completan o lo desarrollan, o que continúan la evolución del volumen.

Las imágenes en el interior de la flecha indican las remisiones a los argumentos que pueden leerse después del de la página, para profundizar en él o explorar sus consecuencias.

El rico y puntual conjunto iconográfico y las leyendas completan y ejemplifican el desarrollo del argumento.

17 La evolución del hombre
18 El cuerpo humano
19 El mundo del ordenador
20 *Historia de la ciencia y de la tecnología*
- De la Prehistoria al Renacimiento
21 *Historia de la ciencia y de la tecnología*
- La Revolución Científica
22 *Historia de la ciencia y de la tecnología*
- El Siglo de las Luces
23 *Historia de la ciencia y de la tecnología*
- El siglo de la industria
24 *Historia de la ciencia y de la tecnología*
- El siglo de la ciencia

Ciencia e industria

El Siglo de las Luces
vol. 22

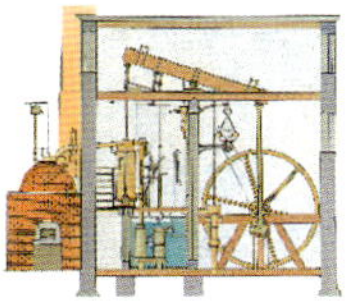

La Revolución
industrial vol. 22
pág. 42

El XIX se ha considerado como el siglo de la ciencia y de la tecnología. Las máquinas, expresión del gran desarrollo tecnológico del período, simbolizaron el triunfo del saber científico y fueron tomadas por los contemporáneos como pruebas irrefutables del progreso social y civil. Las conquistas científicas revolucionaron realmente la vida cotidiana; basta pensar en lo determinantes que han sido las nuevas tecnologías para los transportes, que permitieron reducir las distancias de una manera antes impensable. El tren y los aparatos telefónicos produjeron un cambio radical en la habitual relación con el espacio y el tiempo. Las imponentes exposiciones universales representan de forma emblemática esta nueva concepción científica y tecnológica del mundo.

Durante el siglo XIX proliferaron nuevos ámbitos profesionales, como la antropología, y el hombre dominó lo infinitamente grande y lo infinitamente pequeño, llegando incluso a explorar territorios del mundo psicológico y social, y a poner en crisis los precedentes conocimientos y visiones del mundo.

Los Estados invirtieron en el sector de la investigación científica e instituyeron nuevas y numerosas facultades científicas, con la esperanza no sólo de obtener armamento para sus empresas bélicas, sino también de mejorar la salud pública y la vida en las grandes urbes.

Las grandiosas maquinarias que se instalaron en las fábricas requerían el empleo de numerosos obreros. He aquí la reproducción del martillo pilón a vapor del constructor James Nasmyth, que se utilizaba para la construcción de rieles.

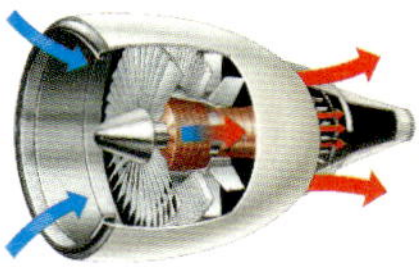

El telar mecánico

Los primeros autómatas
vol. 22 - pág. 24

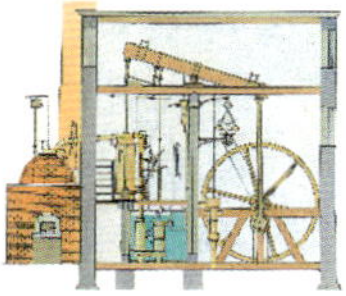

La Revolución Industrial
vol. 22 - pág. 42

El nacimiento de la industria
vol. 22 - pág. 82

A pesar de los numerosos progresos realizados en el transcurso del siglo XVIII en la mecánica textil, el telar para la elaboración de los tejidos con dibujos en relieve era una máquina extremadamente compleja que requería la presencia de muchos obreros. En particular, junto al tejedor, era necesario un «tiralizos», es decir, una persona encargada de levantar los hilos de la urdimbre para hacer pasar entre ellos los de la trama. Ya en el siglo XVIII se había intentado, sin éxito, automatizar esta operación. Lo consiguió hacer a principios del siglo XIX el francés Joseph-Marie Jacquard, hijo de un obrero que trabajaba en la fabricación de brocados. Con un sistema de agujas, ganchos y fichas perforadas, Jacquard llegó a la automatización completa del telar consiguiendo sustituir el penoso trabajo de tirador de lizos, encargado de accionar manualmente ese dispositivo (el lizo precisamente) que debía levantar y bajar los hilos de la urdimbre para permitir el paso de la lanzadera. Jacquard bautizó a su máquina como la «tiradora de lizos»: esta permitía eliminar no sólo al obrero dedicado a esta función, sino también a aquel que se dedicaba a alisar los dibujos y, por lo tanto, disminuía la mano de obra. La industria de la seda con sus lujosos tejidos con dibujos estaba estrechamente ligada a la mecanización del telar; el

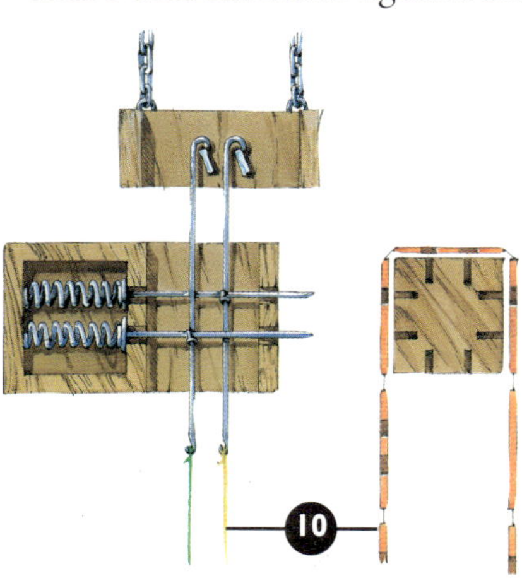

El telar de Jaquard elevaba automáticamente los hilos de la urdimbre haciendo pasar los ganchos a través de anillos de agujas perpendiculares a estos. Puesto que las agujas, a cada pasada, eran presionadas por un sistema de muelles contra los cartones perforados, cuando una aguja encontraba un agujero (enfrente) se desplazaba lateralmente y soltaba el gancho correspondiente al dispositivo de elevación.

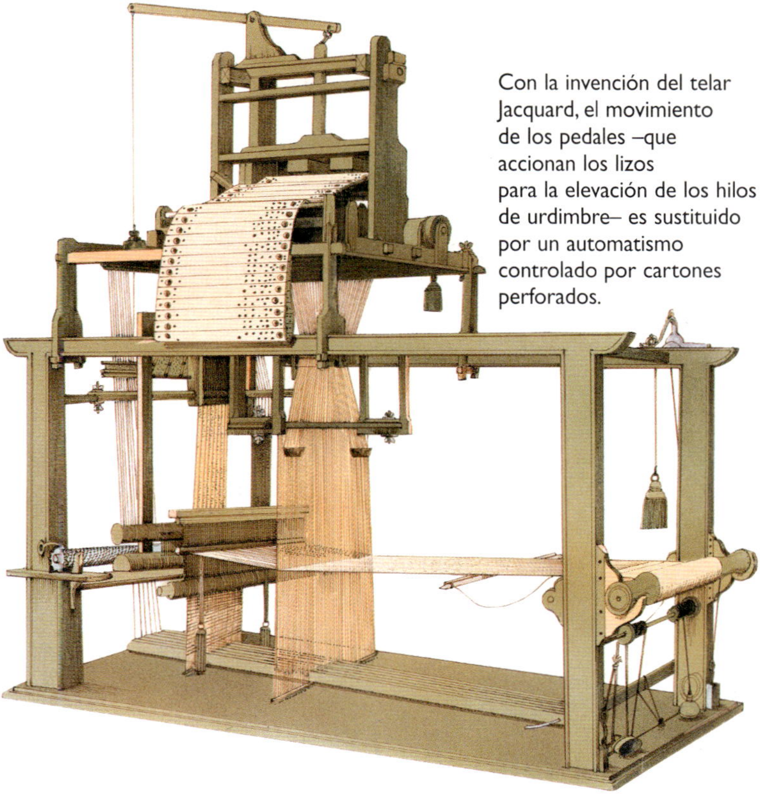

Con la invención del telar Jacquard, el movimiento de los pedales –que accionan los lizos para la elevación de los hilos de urdimbre– es sustituido por un automatismo controlado por cartones perforados.

mismo Napoleón I se interesó en hacer que el telar Jacquard se empleara para tejidos con dibujos en relieve. La máquina de Jacquard fue inventada en 1801 pero durante mucho tiempo permaneció en secreto; once años más tarde funcionaban en Francia 11 000 telares de este tipo.

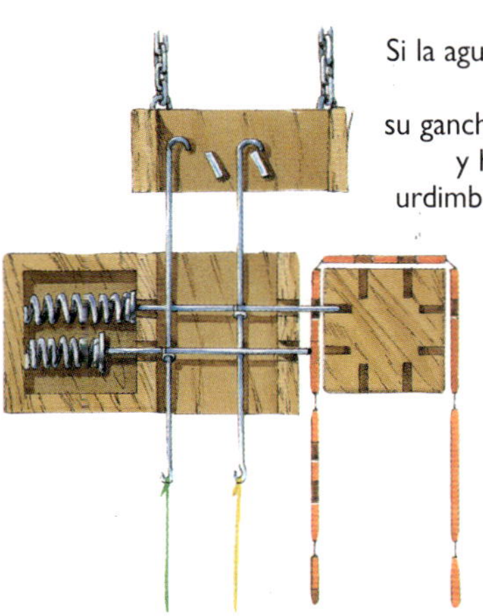

Si la aguja no correspondía al agujero del cartón, su gancho permanecía bajado y hacía que el hilo de la urdimbre permaneciera bajo la trama.

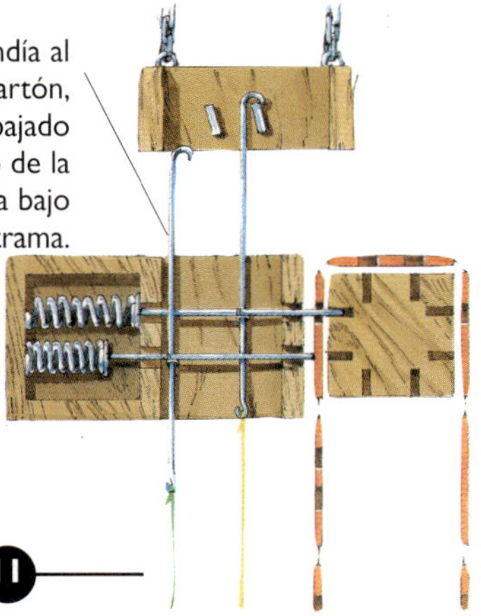

LA TEORÍA ATÓMICA

Lavoisier
y la nueva química
vol. 22 - pág. 74

La tabla periódica
de los elementos
vol. 1 - pág. 40

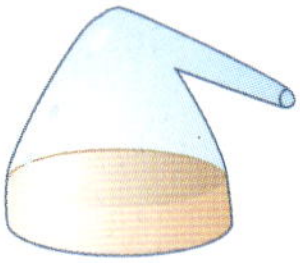

La química
vol. 3

De los átomos, entendidos como minúsculas partículas indivisibles, ya había hablado en la antigüedad el filósofo griego Demócrito, pero fue en el siglo XIX cuando el químico inglés John Dalton fundó, sobre la base de observaciones experimentales precisas, la primera teoría propiamente atómica. En 1808, Dalton afirmó que toda la materia estaba constituida por un gran número de partículas diminutas e indestructibles, los átomos. Dalton observó que los átomos de todos los elementos eran iguales y que, por el contrario, distintas sustancias químicas estaban compuestas por átomos dotados de diferente peso. Intuyó la posibilidad de establecer los pesos relativos de los diversos átomos, dando la señal de salida a la denominada química cuantitativa. El químico inglés pensaba que los pesos atómicos relativos se podrían deducir del peso

Dalton realizó un esquema en el que representó gráficamente los átomos de los diferentes elementos con círculos, líneas, puntos, sombreados o incluso letras mayúsculas.

Según la «Ley de las proporciones múltiples» de Dalton, los átomos pueden combinarse en diferentes proporciones y formar así compuestos diversos. Por ejemplo, una molécula de agua está formada por dos átomos de hidrógeno y uno de oxígeno; sin embargo, el agua oxigenada está constituida por dos átomos de hidrógeno y dos de oxígeno.

de cada uno de los elementos presentes en un compuesto, y que desde este sería posible calcular los pesos correspondientes a los átomos que se combinan en esos elementos.

Gracias a diversos estudios y experimentos, y tomando como unidad de medida el peso del átomo de hidrógeno, Dalton consiguió preparar una tabla de los pesos atómicos de los elementos, es decir, de los pesos correspondientes a sus átomos. Tomando esto como base, y gracias a investigaciones ulteriores realizadas en el laboratorio que le había proporcionado la Academia de Manchester, Dalton logró determinar los pesos correspondientes a las partículas más pequeñas, o moléculas, de varios compuestos y compiló un esquema en el que los símbolos elementales de los átomos se usaron como fórmulas para representar las moléculas de los compuestos.

La teoría atómica estimuló una serie de investigaciones para llegar a calcular el peso atómico de las diferentes sustancias.

El nacimiento de la física atómica pág. 90

La iluminación de las ciudades

A comienzos del siglo XIX, las guerras napoleónicas hicieron difícil encontrar en Europa los tradicionales productos para iluminar: aceite de ballena y sebo de Rusia. Por lo tanto se buscaron sistemas alternativos que fueran también más económicos. Las primeras tentativas de iluminación a gas se llevaron a cabo en Inglaterra y en Francia con el denominado «gas iluminador», un producto de la destilación del carbón. Las lámparas producían una luz brillante y despedían mal olor, pero se instalaron en muchas calles, edificios públicos y fábricas. En 1815, Londres disponía de 40 kilómetros de calles iluminadas a gas. En los años sucesivos, gracias al des-

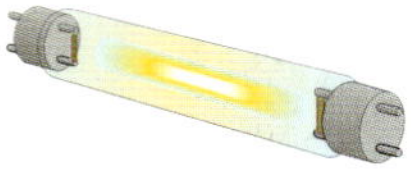

Las fuentes luminosas
vol. 4 - pág. 50

Las lámparas de arco se utilizaron para la iluminación de calles y de plazas y se instalaron en muchos faros. Pero, en 1878, en Francia, hubo numerosas peticiones de indemnización debido al debilitamiento de la visión causado por la luz demasiado fuerte de las lámparas de arco eléctrico.

En 1885, el químico austríaco Karl Auer ideó un nuevo tipo de lámpara de gas, denominada luz Auer, que contenía una redecilla de óxido de cerio y torio, lo que producía una luz muy luminosa.

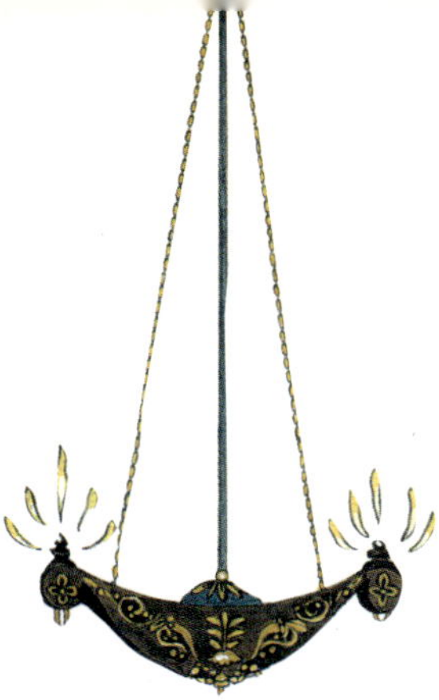

Incluso después del descubrimiento de las lámparas de arco, la iluminación a gas sobrevivió durante mucho tiempo y se difundió por las viviendas privadas.

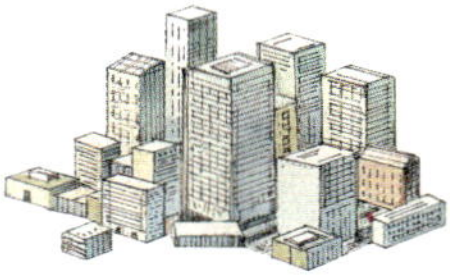

La ciudad moderna
pág. 52

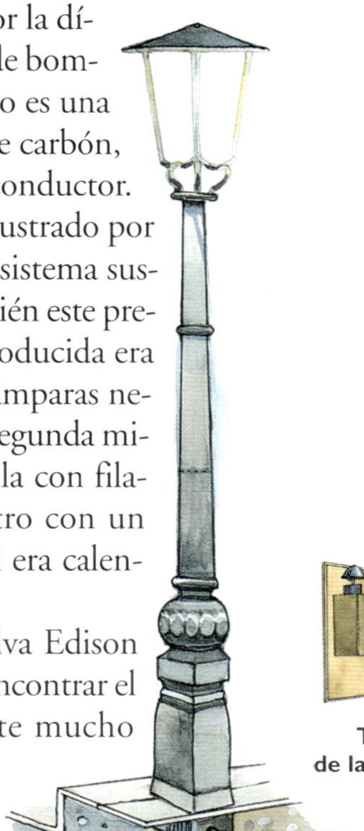

cubrimiento de la electricidad generada por la dínamo, fue posible realizar un primer tipo de bombilla eléctrica, denominada de arco. El arco es una chispa que se produce entre dos barritas de carbón, material que funciona como un óptimo conductor. El funcionamiento del arco eléctrico fue ilustrado por el científico inglés Michael Faraday y este sistema sustituyó, al menos en parte, al gas. Pero también este presentaba algunos inconvenientes. La luz producida era tan intensa que resultaba fastidiosa y las lámparas necesitaban una regulación constante. En la segunda mitad del siglo, se realizó la primera bombilla con filamento: un globo de cristal sin aire dentro con un filamento de carbono que se iluminaba si era calentado por la corriente eléctrica.

Fue el ingenio del americano Thomas Alva Edison quien perfeccionó este descubrimiento al encontrar el filamento justo capaz de resistir durante mucho tiempo. En 1879, Edison consiguió hacer que funcionara su primera bombilla durante unas 40 horas; pocos años después se puso en marcha la instalación de la iluminación eléctrica en los edificios públicos y en las casas.

Tecnologías de la vida cotidiana
pág. 82

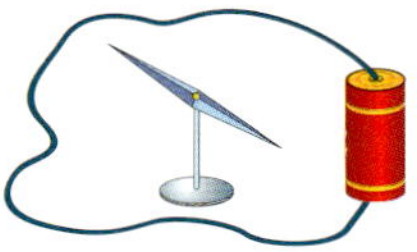

La producción de la electricidad

Con el descubrimiento de la pila de Volta, los científicos podían disponer de una fuente de corriente eléctrica que fluía constantemente, con lo que se abrieron nuevos horizontes para la investigación acerca de los medios necesarios para generar y acumular electricidad. Después del descubrimiento del electromagnetismo por parte del científico danés Hans Christian Oersted, se empezó a plantear la pregunta de si se podría obtener electricidad del magnetismo. El científico inglés Michael Faraday realizó con este fin una serie de experimentos de laboratorio y, en 1831, descubrió que si un conductor se movía en un campo magnético, en este se producía

En 1820, Oersted notó que un hilo metálico recorrido por una corriente eléctrica ejercía una acción evidente sobre una aguja magnética que se encontraba cerca. Por lo tanto, determinó el vínculo entre electricidad y magnetismo: electromagnetismo.

¿Qué es
la electricidad?
vol. 4 - pág. 66

El descubrimiento
de la electricidad
vol. 22 - pág.26

La pila de Volta
vol. 22 - pág. 88

Uno de los efectos producidos por la corriente de la pila voltaica era el arco generado entre los conductores de carbón. En 1813, Humphrey Davy situó en los subterráneos de la Royal Institution de Londres una batería de pilas de 2 000 elementos con las que realizó un experimento decisivo, usando dos carbones insertados en el circuito de la pila. Al cerrar el circuito apareció un arco de luz muy luminoso.

una corriente eléctrica. Faraday puso en rotación un disco de cobre y lo hizo girar al lado una calamita: el imán, girando, inducía en el disco de cobre corrientes y estas generaban a su vez un campo magnético. Después utilizó la acción recíproca de dos campos magnéticos, producidos respectivamente por un imán y por una corriente eléctrica, para obtener movimiento. Faraday había ideado el primer motor eléctrico y abierto la vía para la realización de la máquina capaz de convertir la energía mecánica en energía eléctrica: la dínamo. De esta forma era posible el desarrollo de la industria eléctrica. Entre 1830 y 1840, se construyeron varios motores eléctricos elementales accionados por una batería, algunos de los cuales se utilizaron para hacer funcionar máquinas; en la segunda mitad del siglo, a través de perfeccionamientos sucesivos, se llegó a las dínamos de Gramme. Estas eran capaces de suministrar de modo constante corriente sin recalentarse, por lo que rápidamente se adoptaron con éxito en la industria eléctrica.

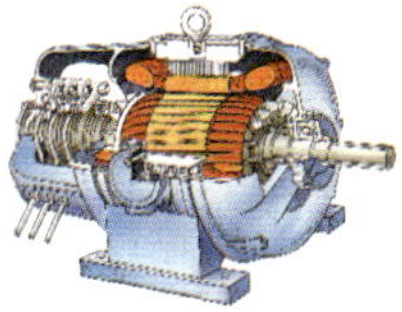

La edad de la electrotecnia pág. 72

Los ferrocarriles

Energía del carbón vol. 22 - pág. 36

A comienzos del siglo XIX la energía del vapor, ya ampliamente conocida, se utiliza para las primeras tentativas de transporte sobre rieles. Las locomotoras a vapor funcionaban quemando madera o carbón para calentar una caldera llena de agua. El vapor comprimido en un cilindro impulsaba un tambor de metal llamado pistón; el movimiento rotatorio alternado de los pistones se transmitía a las ruedas por medio de bielas. Una locomotora a vapor consumía cantidades enormes de agua y carbón que se transportaban en un pequeño vagón enganchado a la locomotora; la primera locomotora tiró de un convoy con 10 toneladas de hierro a lo largo de 16 kilómetros con una velocidad de 8 kilómetros por hora. Tanto la locomotora como las vías se utilizaron en un principio para las minas, donde también se encontraban las materias primas necesarias para su funcionamiento: hierro y carbón. De hecho, el primer experimento con locomotora fue un trenecillo usado en Inglaterra para transportar el carbón de la mina al puerto de embarque. Ya en los años 20 se introdujeron algunas mejoras importantes, sobre todo en lo que se refería a la caldera.

La historia de los ferrocarriles comienza en Inglaterra, que en el siglo XIX, disponía de numerosas ciudades. En los años

Las máquinas de vapor vol. 22 - pág. 38

En 1825 se inauguró en Inglaterra la primera línea de pasajeros; 30 años más tarde, Europa y América septentrional ya eran recorridas por una vasta red de vías férreas.

En 1829, la famosa carrera de Rainhill decidió qué locomotora se debía elegir para el nuevo ferrocarril entre Liverpool y Manchester. Se adjudicó la victoria, y el premio de 500 libras esterlinas, a la locomotora *The Rocket* («El Cohete»), construida por George y Robert Stephenson, la cual en pocos años hizo aumentar considerablemente el número de viajeros en esta línea (de 500 a 1 500 al día).

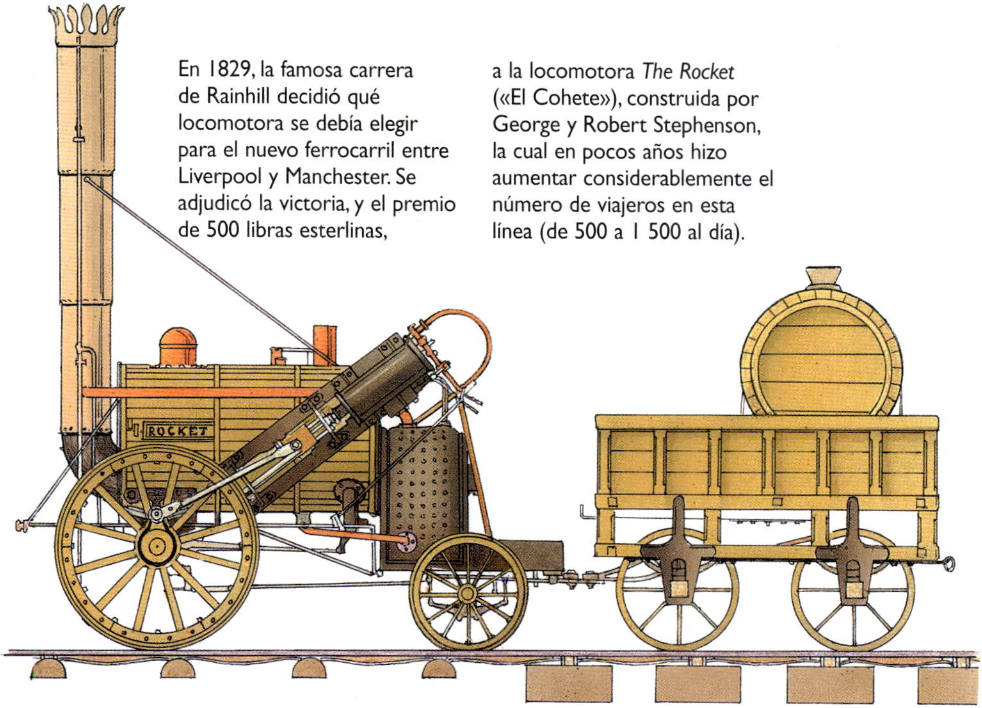

comprendidos entre 1830 y 1850, se construyeron más de 11 000 kilómetros de líneas de ferrocarril con una enorme inversión de dinero, hombres y materiales. Si las primeras locomotoras, a comienzos del siglo XIX, constituían una atracción en las ferias, en el último decenio del siglo habían revolucionado el modo de viajar y se habían impuesto gracias a la rapidez del medio y al moderado coste del viaje.

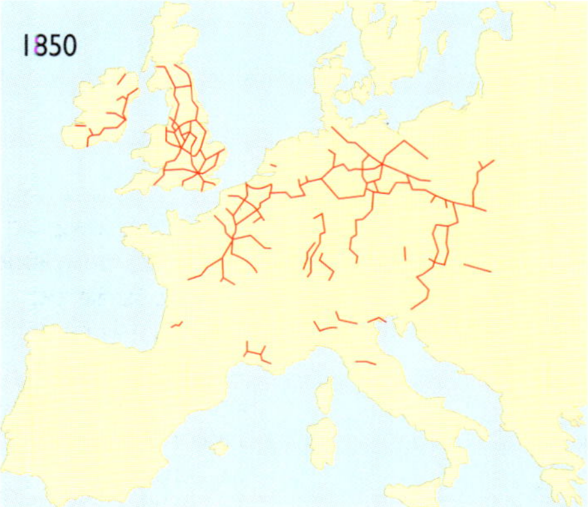

La introducción del coche-restaurante y del coche-cama permitió que los trenes cubrieran enormes distancias, como el célebre Transiberiano.

En 1860, el americano George Pullmann realizó los primeros coches-cama de la historia de los ferrocarriles. Estos tenían que convertir a los trenes que, como en el caso de los americanos, recorrían largas distancias, en trenes más cómodos. El primer coche-cama con éxito fue el Pioneer.

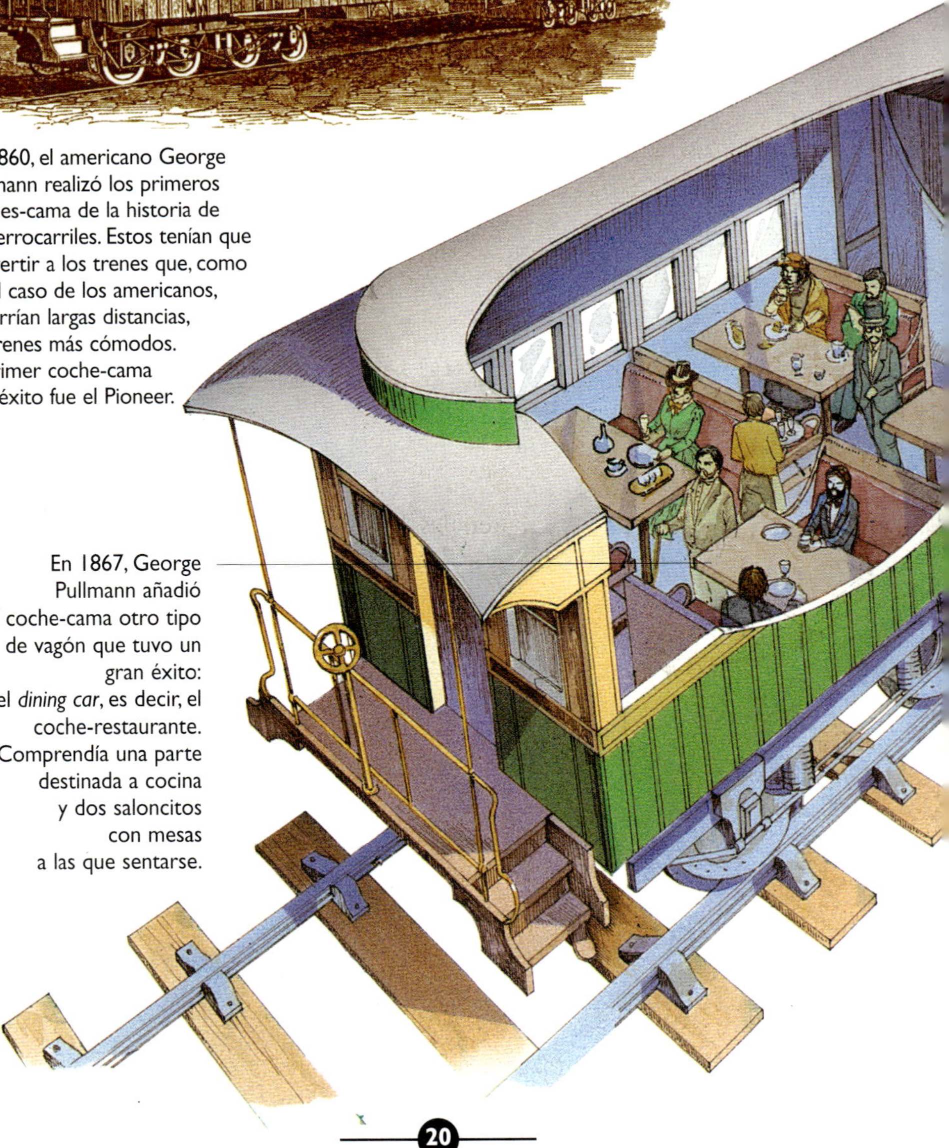

En 1867, George Pullmann añadió al coche-cama otro tipo de vagón que tuvo un gran éxito: el *dining car*, es decir, el coche-restaurante. Comprendía una parte destinada a cocina y dos saloncitos con mesas a las que sentarse.

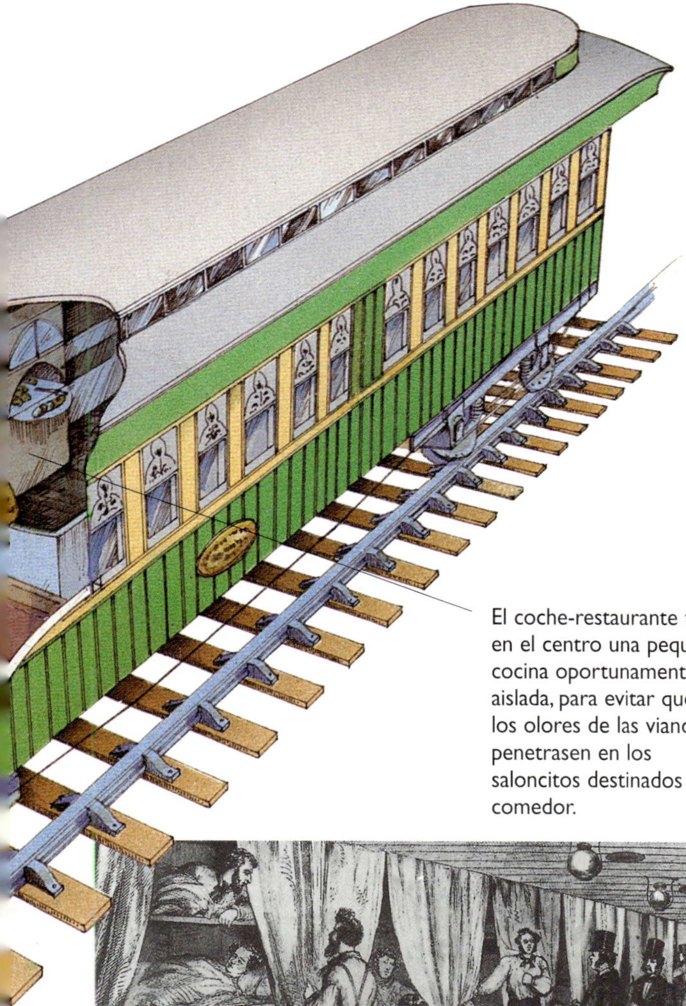

El coche-restaurante tenía en el centro una pequeña cocina oportunamente aislada, para evitar que los olores de las viandas penetrasen en los saloncitos destinados a comedor.

Los primeros coches-cama eran dos vagones normales en los que se había colocado, arriba y abajo, camas plegables, un lavabo, un grifo de agua potable y un retrete en el extremo de todos los coches.

La navegación a vapor pág. 62

El automóvil pág. 76

LYELL Y LA GEOLOGÍA MODERNA

En el siglo XIX muchos científicos debatían el problema del origen de la Tierra y de las leyes que presidían sus cambios. La teoría dominante era la catastrofista, del francés Georges Cuvier, según la cual grandes trastornos en la corteza terrestre habían afectado a nuestra Tierra destrozando, en algunas zonas del globo, las formas de vida existentes. Por lo tanto, el examen de ciertas formaciones geológicas y de hallazgos de fósiles se interpretaba siguiendo esta hipótesis. También la tesis diluvianista reconocía en la historia de la Tierra la presencia de revoluciones pasadas que, sin embargo, atribuía a la fuerza de las aguas; estas, a través de eventos violentos y repentinos, habrían sido las responsables de grandes cambios geológicos. En torno a 1830, el científico escocés Charles Lyell sostiene una teoría diametralmente opuesta basada en los

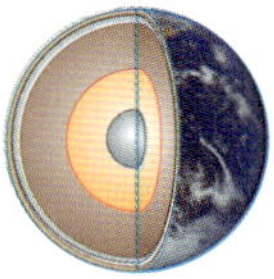

Dentro de la Tierra
vol. 7

La interpretación de los fósiles
vol. 22 - pág. 22

La teoría de la Tierra de Hutton
vol. 22 - pág. 72

En la teoría de Lyell estaban previstos eventos catastróficos, como los terremotos, pero sólo a nivel local. Además, observó que los terremotos solían ir acompañados de elevaciones o hundimientos del nivel de la corteza terrestre, como en el caso de esta colina parcialmente desmoronada que observó en Calabria.

principios del uniformismo y del actualismo. Según Lyell, la historia de la Tierra está marcada no por violentas catástrofes, sino por lentos cambios que proceden de un modo constante y gradual (uniformismo).
Lyell también afirma que los mismos agentes responsables de los cambios en el pasado –por ejemplo la erosión que produce el agua– aún hoy se mantienen activos (actualismo). El cambio geológico se veía como un proceso lento y gradual; por este motivo la teoría geológica de Lyell exigía dilatar enormemente la edad de la Tierra para llegar a un orden de tiempo de muchos millones de años. Esta dilatación representó un paso fundamental no sólo para la historia de la geología, pues también gracias a ella Charles Darwin podrá, un poco más adelante, crear una hipótesis acerca de la larga historia evolutiva de todos los seres vivos.

Incluso las formaciones geológicas grandiosas, como las cadenas montañosas y los cañones, son para Lyell fruto de la suma de cambios insensibles que han tenido lugar en el transcurso de períodos larguísimos. De este modo, también los valles y ciertas grietas del terreno no son fruto de violentos diluvios, sino de la lenta acción erosiva del agua y del tiempo.

Charles Darwin
pág. 40

El redescubrimiento de la Tierra
vol. 24 - pág. 68

La invención de la fotografía

¿Qué es la luz?
vol. 4 - pág. 12

Las lentes
vol. 4 - pág. 32

La fotografía
vol. 4 - pág. 42

Ya en el siglo XVI se conocía un aparato capaz de reproducir las imágenes, llamado cámara oscura, pero se ignoraba cómo retenerlas. También se sabía desde hacía tiempo que algunas sustancias, como el cloruro de plata o el betún de Judea, se ennegrecían más o menos bajo el efecto de la luz. Pero no fue hasta 1816 cuando el físico francés Nicéphore Niepce utilizó estos conocimientos para obtener una imagen duradera e inalterable frente a la luz. Sus primeras fotografías se obtenían en placas de estaño cubiertas con una capa de betún. La exposición duraba hasta ocho horas. La imagen se hacía visible por medio de un baño de aceite de lavanda y petróleo. Posteriormente, Niepce comenzó a trabajar con Louis Daguerre que sustituyó el betún de Judea por yoduro de plata, obteniendo mejores resultados en menos tiempo.

Hacia 1835, Niepce y Daguerre habían descubierto los procedimientos que permitían revelar y fijar las imágenes tomadas por un aparato fotográfico: las películas utilizadas eran placas de cobre recubiertas con sales de plata que se oscurecían con la luz y registraban una imagen. Para hacer que resaltase la imagen, Daguerre la sumergía en un producto químico, el «revelador», y después la fijaba disolviendo la sal de plata que había quedado en otro baño químico a base de sosa.

Pocos años después de las operaciones de Niepce y Daguerre, se perfeccionaron tanto la composición de las placas (el astrónomo inglés John Herschel ideó la de cristal), como las lentes que se colocaban en la máquina fotográfica. En 1861 se realizó la primera fotografía en color y, al final del siglo, se inventaron las placas de gelatina y la película fotográfica.

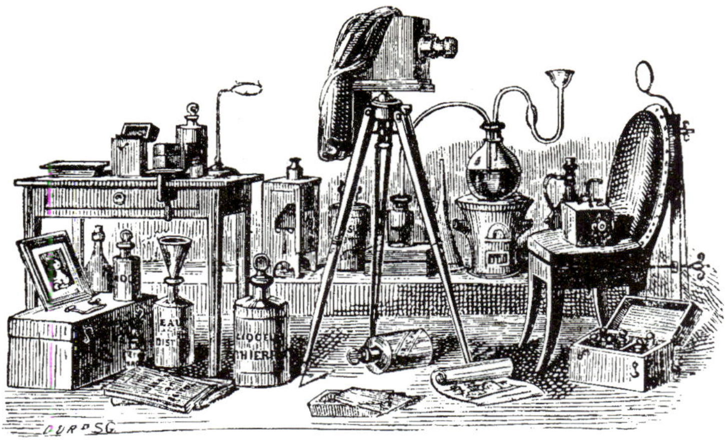

Durante muchos años los fotógrafos disponían de un equipo tan complejo que les obligaba a realizar sus fotos en estudio, con tiempos de composición muy largos.

Las máquinas fotográficas vol. 24 - pág. 28

El fotógrafo parisino Nadar fue el primero en hacer fotografías aéreas, desde lo alto de un globo en el que transportaba su laboratorio portátil para la preparación de las placas y su revelado.

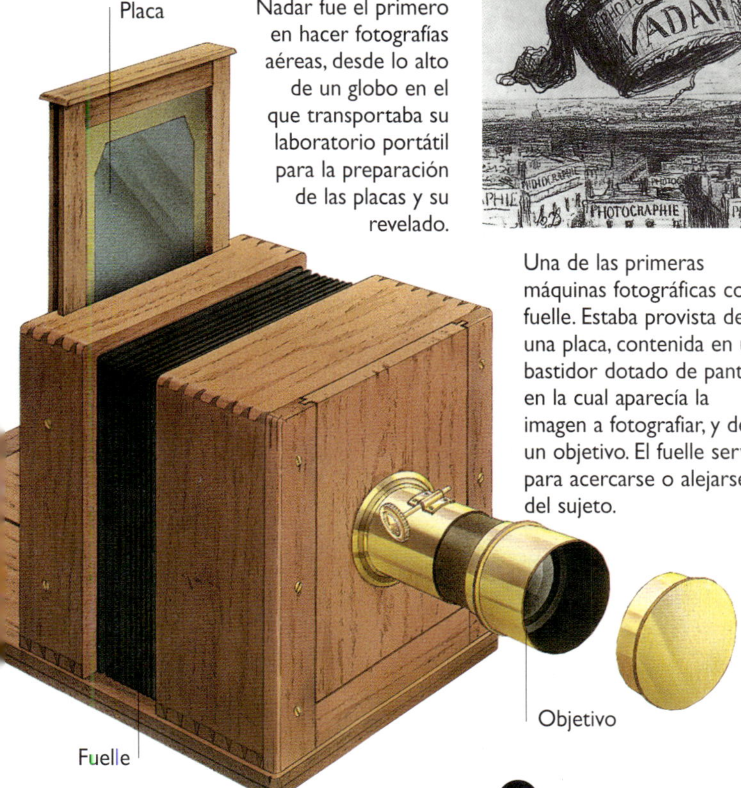

Una de las primeras máquinas fotográficas con fuelle. Estaba provista de una placa, contenida en un bastidor dotado de pantalla en la cual aparecía la imagen a fotografiar, y de un objetivo. El fuelle servía para acercarse o alejarse del sujeto.

La invención del cine pág. 86

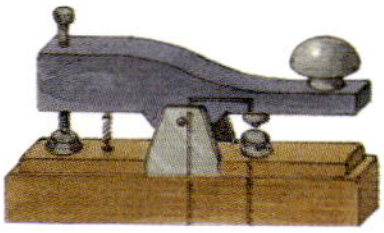

El telégrafo

Gracias a la corriente eléctrica generada por la pila de Volta y al electromagnetismo, en 1837, casi simultáneamente, dos estudiosos ingleses, Charles Wheatstone y William Fothergill Cooke, lograron realizar el primer telégrafo eléctrico. Su aparato funcionaba gracias a una pila electroquímica que suministraba la corriente a una tecla que interrumpía el circuito, que empleaba el que usaba el aparato, a un hilo de transmisión y a un receptor que consistía en un electroimán. Este se activaba gracias a las señales del transmisor y movía un indicador.

El americano Samuel Morse ideó un sistema para transmitir mensajes por medio de impulsos eléctricos. Antes de este sistema cada inventor había utilizado un código propio y era, por lo tanto, particularmente importante el haber creado un lenguaje estándar que pudiese representar el alfabeto y los números. La invención del telégrafo introdujo por primera vez en la historia de las comunicaciones el fenómeno de la simultaneidad: era posible tener información en muy poco tiempo sobre los aconteci-

El alfabeto Morse consiste en impulsos eléctricos breves y largos que corresponden a puntos y líneas los cuales representan letras y cifras. Este se podía leer, ver o escuchar y se utilizó mucho en marina.

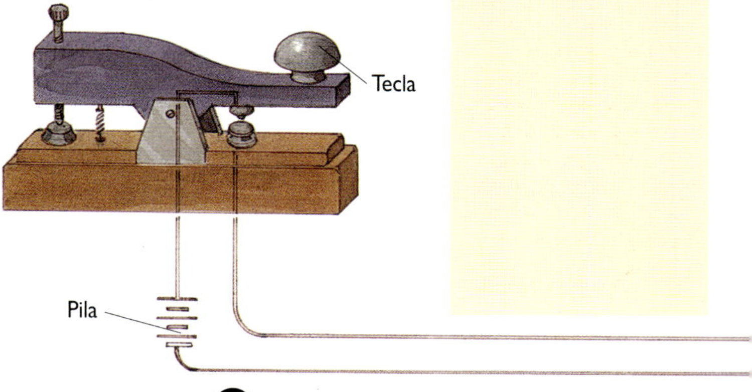

El primer cable telegráfico submarino entre Inglaterra y Francia fue colocado el 28 de agosto de 1850, pero la operación no tuvo éxito por la falta de una potencia mecánica adecuada; un segundo cable fue colocado con éxito en septiembre de 1851.

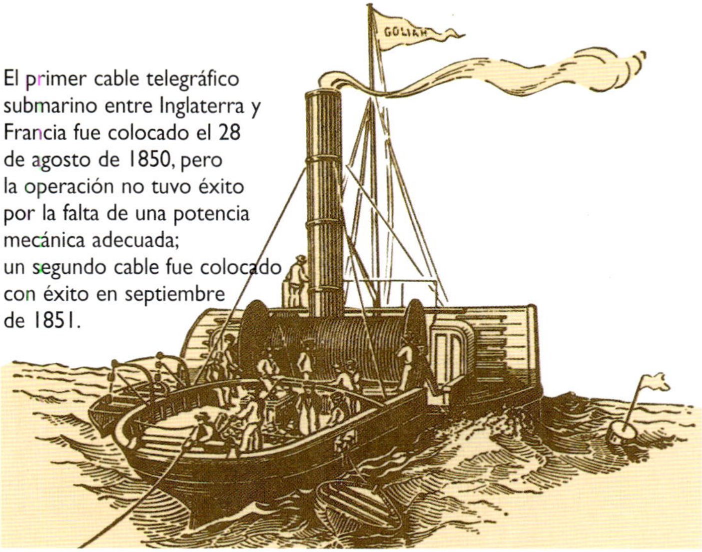

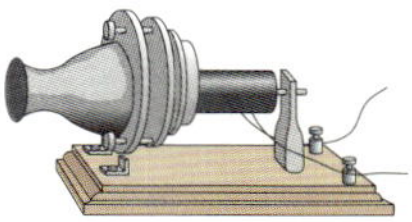

La invención del teléfono pág. 58

mientos más importantes. La bolsa, los periódicos y los servicios de información meteorológica fueron los primeros que se aprovecharon de este invento.

Después de 1842 se instalaron muchas líneas en Inglaterra. El telégrafo entre Londres y Dover atrajo la máxima atención, lo que incentivó a extender las líneas, a través del canal de la Mancha, hasta el continente europeo. A finales del siglo XIX, gracias al descubrimiento de las ondas electromagnéticas, se logró poner en funcionamiento la telegrafía sin hilos, con lo que las señales telegráficas se pudieron enviar mediante ondas radio.

Una leva es atraída por la calamita cada vez que la electricidad la recorre; en el otro extremo, una punta para escribir, a cada paso de la corriente, se pone en contacto con la cinta de papel y traza sobre la misma un punto o una línea, según el impulso eléctrico sea breve o largo.

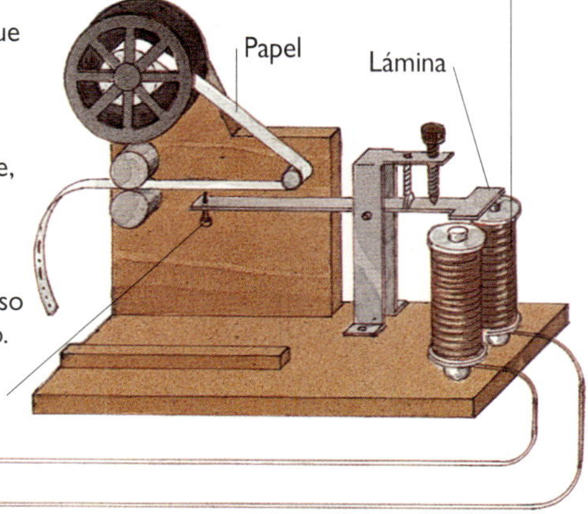

La invención de la radio vol. 24 - pág. 10

LA ANESTESIA

En los siglos pasados, muchas de las operaciones quirúrgicas eran imposibles o muy difíciles de realizar debido al dolor que sufría el paciente; la posibilidad de que acabaran bien era muchas veces confiada a la rapidez del médico. Muchas personas preferían morir antes que someterse a los hierros del cirujano y soportar terribles sufrimientos. Se comprende por lo tanto que haya representado un enorme progreso la posibilidad de eliminar, de modo completo o parcial, la sensibilidad del paciente a operar, introduciéndole en una especie de «sueño artificial». Ya a finales del siglo XVIII se conocían los efectos de somnolencia hilarante que el protóxido de nitrógeno provocaba a quien lo respiraba, aunque esta sustancia no se utilizó durante mucho tiempo.

La primera intervención de cirugía indolora, realizada en Boston en 1846, fue una especie de experimento público sobre las propiedades anestésicas del éter. El doctor Warren operó a un paciente afectado por un tumor facial a quien se le había suministrado éter.

Los progresos de la medicina vol. 22

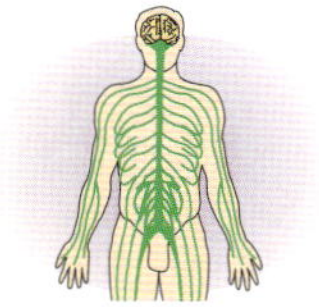

El sistema nervioso vol. 18 - pág. 50

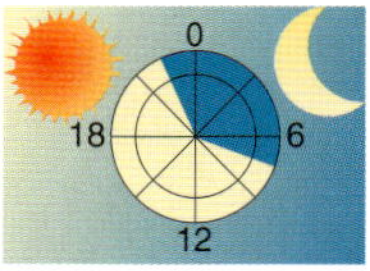

El sueño y la vigilia vol. 18 - pág. 60

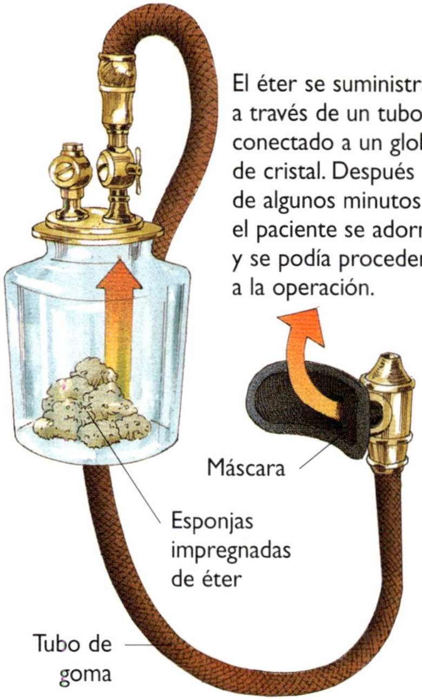

El éter se suministraba a través de un tubo conectado a un globo de cristal. Después de algunos minutos, el paciente se adormecía y se podía proceder a la operación.

El uso de cloroformo –a menudo utilizado con un inhalador de este tipo– vino después del éter y se hizo de uso común a partir de la segunda mitad del siglo.

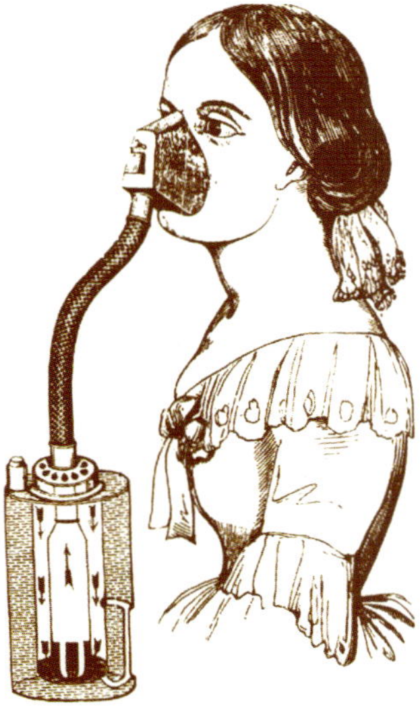

En la primera mitad del siglo XIX se descubrió que también el éter tenía propiedades analgésicas, y en los Estados Unidos las dos sustancias comenzaron a ser usadas por algunos médicos, en particular dentistas, que lo utilizaban en las extracciones para adormecer los nervios de los pacientes. Casi en esos mismos años, empezó a emplearse también el cloroformo para uso clínico. Las primeras intervenciones con esta sustancia se deben a un obstetra inglés, James Y. Simpson, que lo utilizó para aliviar los dolores de las parturientas. Después de la inicial reticencia, su uso se hace tan común que la propia reina de Inglaterra, Victoria, inhaló cloroformo en 1853, durante el parto de su octavo hijo. La posibilidad de realizar de forma indolora intervenciones quirúrgicas muy complejas, determinó rápidos progresos en la medicina quirúrgica.
El primer anestésico local utilizado –a finales del siglo XIX– fue la cocaína, un extracto natural de las hojas de la planta de coca que, en un principio, dio resultados muy buenos en la cirugía ocular.

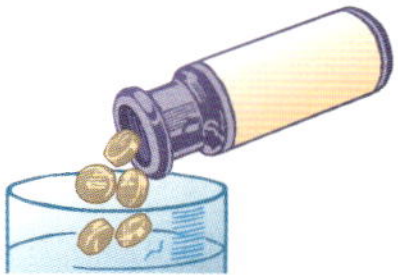

La farmacología moderna pág. 84

La teoría celular

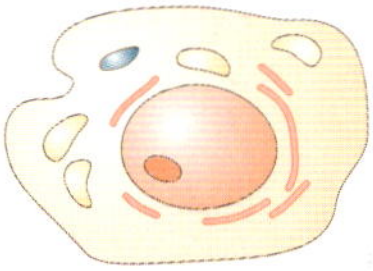

La célula
vol. 9 - pág. 12

La invención del microscopio
vol. 21 - pág. 64

Uno de los principios fundamentales de la biología es que todos los seres vivientes están formados por células: una sola en los organismos unicelulares, muchísimas en los pluricelulares. Este concepto, que actualmente parece darse por sentado, tiene un origen muy lejano. Debemos remontarnos al siglo XVII, cuando aparecieron los primeros instrumentos ópticos, como el microscopio, que permitieron al ser humano observar objetos muy pequeños cuya existencia era insospechada. En 1665, el científico inglés Robert Hooke, observando una sección de azúcar por el microscopio, notó que tenía muchas cavidades similares a las celdillas de una colmena, y las llamó células. A esto siguieron muchas observaciones e investigaciones, pero sólo en el siglo XIX se consiguió reconocer en la célula la unidad funcional de todos los organismos vivientes.
La teoría celular, formulada hacia la mitad del siglo XIX por dos científicos alemanes, Mathias Schleiden y Theodor

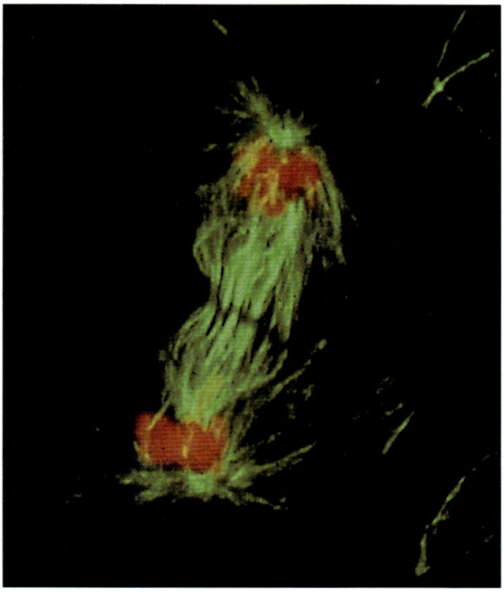

En 1858, Rudolf Virchow formuló la idea de que una célula surge allí donde debe haber estado antes otra. El concepto de la multiplicación de las células, por división de la célula madre, se ve expresado en su célebre frase: «cada célula da una célula».

Los numerosos perfeccionamientos aportados al microscopio en el curso del siglo XIX permitieron a Virchow estudiar con precisión los cultivos bacterianos preparados por él mismo y conservados en frascos especiales.

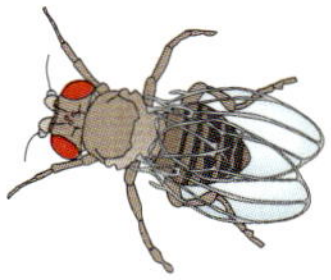

El nacimiento
de la genética
vol. 24 - pág. 16

Schwann, afirmaba que todos los seres vivos se componen de células (primer postulado); que la célula es una especie de «fábrica química» en la que tienen lugar los procesos necesarios para la vida del organismo (segundo postulado) y que cada célula deriva de otra célula (tercer postulado).

El gran éxito de la teoría celular se alcanzó gracias a la patología y a la fisiología; con el estudioso alemán Rudolf Virchow, de formación médica, el origen de la enfermedad pasó de los tejidos a las células. La célula enferma es considerada por él no como una estructura cualitativamente diferente, sino sólo como una modificación de la célula sana. Esta afirmación abrió camino a investigaciones dedicadas a determinar las condiciones que alteran el estado normal de una célula y la respuesta de la propia célula a esas condiciones patológicas.

EL DESARROLLO DE LA TERMODINÁMICA

La conservación de la energía vol. 2 - pág. 72

A pesar de que en el siglo XVIII ya funcionaban máquinas que convertían el calor en trabajo (como las máquinas a vapor), desde el punto de vista científico aún no se había establecido la relación entre las dos.

Fue el científico Pierre-Simon de Laplace el que formuló la primera teoría matemática de los fenómenos térmicos: según esta el calor es un fluido, llamado calórico, formado por corpúsculos. En torno a 1840, los experimentos del inglés James Prescott Joule demostraron que el calórico no existía y que la temperatura de un cuerpo la daba la energía de movimiento de sus moléculas. Los fenómenos térmicos eran por lo tanto manifestaciones del movimiento molecular.

Desde joven, Joule había manifestado su interés por los fenómenos eléctricos y magnéticos y se había dedicado a la construcción de motores electromagnéticos, en el intento de obtener de los mismos un rendimiento mayor al de los que funcionaban a vapor. En el curso de sus investigaciones, Joule intuyó que existían relaciones cuantitativas, que se podían determinar claramente, entre la corriente eléctrica y el rendimiento de la máquina accionada por la misma. Estudios

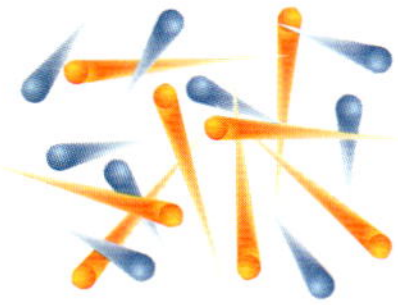

El segundo principio de la termodinámica vol. 2 - pág. 80

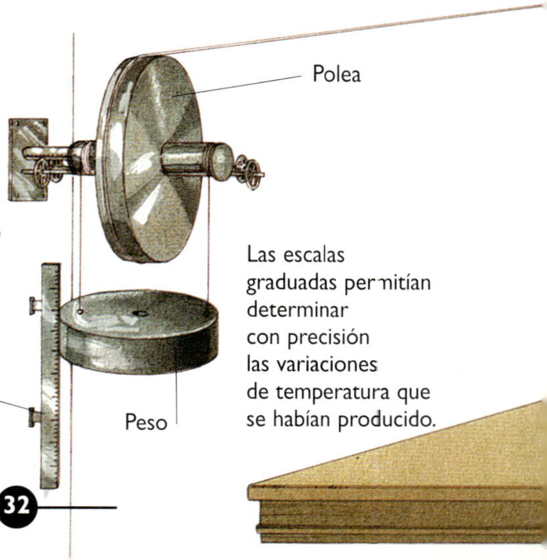

La caída de un peso ponía en movimiento una rueda de álabes en el interior de un recipiente lleno de agua, que hacía aumentar ligeramente la temperatura.

Las escalas graduadas permitían determinar con precisión las variaciones de temperatura que se habían producido.

y experimentos posteriores le llevaron, en 1843, al descubrimiento de que cada vez que se consume una cierta cantidad de fuerza mecánica, se obtiene un equivalente exacto de calor. En torno a 1840, Joule construyó diversos aparatos para determinar el equivalente mecánico del calor y, en 1845, mostró su célebre experimento en el que un dispositivo giratorio que se mueve dentro de un recipiente lleno de agua, provoca en la misma un aumento de temperatura. Demostró así que el calor es una forma de energía y que por lo tanto puede producir trabajo, como es el caso de la máquina de vapor. Joule descubrió también que la energía no podía ser ni creada ni destruida, sino que sólo podía cambiar de forma; por ejemplo, los músculos utilizan la energía química suministrada por los alimentos para producir la energía mecánica que se usa para girar la manivela de una dínamo y producir así energía eléctrica. Este descubrimiento llevó a la Ley de la conservación de la energía, conocida como «primer principio de la termodinámica».

La operación de medir la temperatura era muy compleja, quizás porque la variación de temperatura que se producía era muy leve, o porque era difícil aislar térmicamente el recipiente de agua.

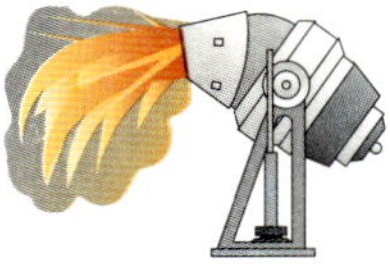

LA INDUSTRIA DEL ACERO

El hierro
vol. 3 - pág. 56

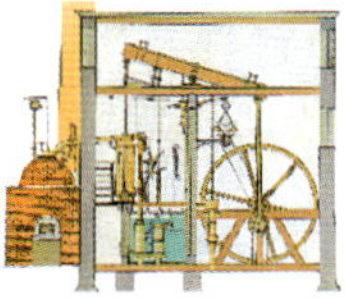

La Revolución industrial
vol. 22 - pág. 42

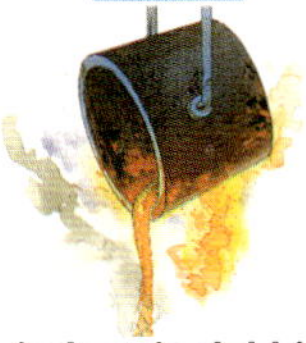

La industria del hierro
vol. 22 - pág. 42

En la segunda mitad de siglo la industria siderúrgica tenía su centro en Alemania. Una familia de industriales alemanes provenientes de la región del Ruhr, los Krupp, comenzaron a principios del siglo XIX a fabricar acero fundido en el crisol. Después de unos comienzos un poco difíciles, bajo la dirección de Alfred y de sus sucesores, las acererías Krupp se hicieron rápidamente famosas en todo el mundo. En 1847, sus fabricas crearon un cañón que dio la señal de salida a una larga y afortunada actividad; así, en la Exposición Universal de París de 1867, se mostraba el cañón más grande jamás realizado, todo de acero, con un peso de 50 000 kilogramos. La empresa Krupp se amplió y, a finales del siglo XIX, contaba con 43 000 obre-

En esta acerería los obreros efectúan una colada de acero para una plancha; el acero fundido se cuela en los moldes y, a través de la laminación, los lingotes se transforman en tubos, hojas o barras.

ros. En 1856 la industria del acero pudo aprovecharse de un importante perfeccionamiento: un convertidor, ideado por el inglés Henry Bessemer, para obtener el acero del arrabio. El convertidor Bessemer permitía añadir oxígeno al hierro fundido, quemando la mayor parte del carbono contenido en este, pero dejando un porcentaje mínimo que reforzaba el metal. Gracias a los convertidores Bessemer, patentados en 1860, se consiguió producir acero a buen precio y la mayor parte de las acererías lo adquirieron. Gracias a su mayor robustez, el acero sustituyó rápidamente al hierro en la fabricación de grandes edificios, y permitió construir la estructura de sostén de altísimos rascacielos, como los de Nueva York.

La mayor parte de la producción de acero se empleaba en la construcción de piezas de artillería y de vías, estas últimas tenían una duración muy superior.

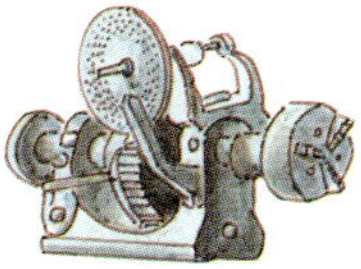

La tecnología mecánica

Las herramientas mecánicas fueron fundamentales para el desarrollo industrial puesto que permitieron construir otras máquinas que se usaron en muchos otros procesos productivos. Además, hacían posible la elaboración de objetos metálicos de grandes dimensiones dándoles forma con una precisión y rapidez que hubieran sido imposibles de lograr manualmente.

La creación de nuevas herramientas mecánicas tiene su período de máxima expansión desde 1750 a 1850, pero el torno, por ejemplo, ya se había perfeccionado a finales del siglo XVIII.

A principios de siglo, el constructor inglés Henry Maudslay se dedicó a la maquinaria de precisión y abrió una fábrica de la cual salieron tornos totalmente metálicos a los que había añadido un portaútiles corredero, máquinas operadoras y máquinas para roscar, es decir, para hacer los tor-

Las máquinas simples
vol. 2 - pág. 38

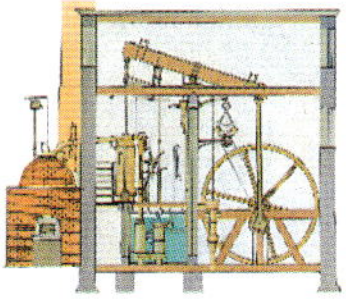

La Revolución industrial
vol. 22 - pág. 42

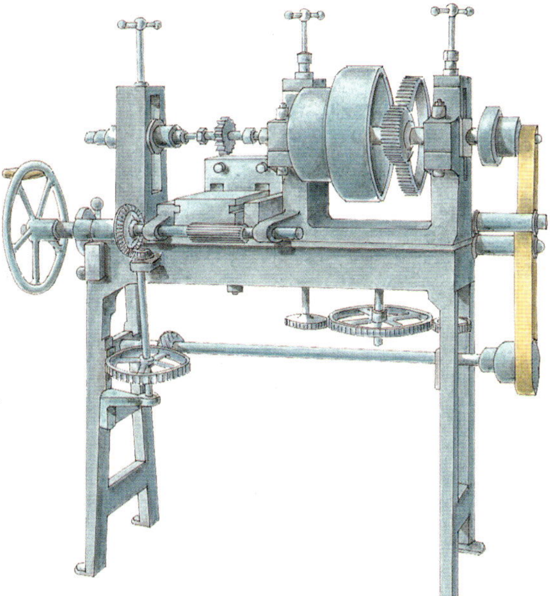

El desarrollo de la fresadora para los trabajos de fábrica tuvo su comienzo en América. El proyecto de la primera fresadora construida con fines comerciales lo realizaba Frederick Webster Howe en 1848.

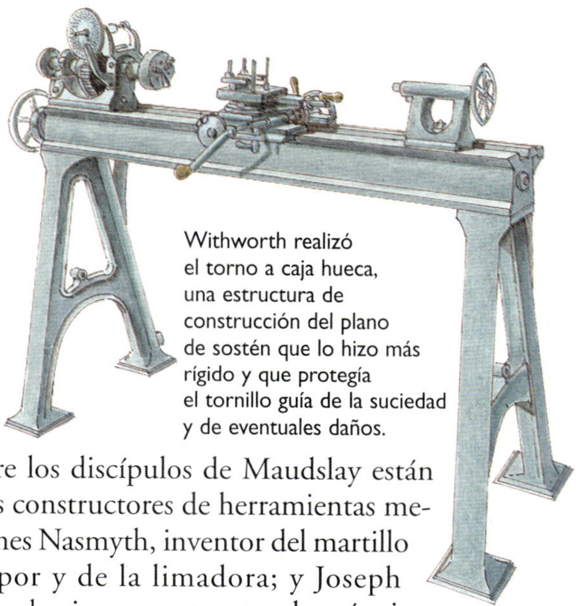

Withworth realizó el torno a caja hueca, una estructura de construcción del plano de sostén que lo hizo más rígido y que protegía el tornillo guía de la suciedad y de eventuales daños.

nillos. Entre los discípulos de Maudslay están los mayores constructores de herramientas mecánicas: James Nasmyth, inventor del martillo pilón a vapor y de la limadora; y Joseph Withworth, el primer constructor de máquinas que no se limitó a utilizarlas en su propio taller, sino que las vendió a otros fabricantes. En la Exposición Universal de 1862, Withworth, con sus 23 máquinas entre las que había tornos, cepilladoras, hendidoras y cortadoras, figuraba como el principal constructor de herramientas mecánicas.

En 1836 Nasmyth inventó la limadora, una máquina que hoy todavía se utiliza para limar pequeñas superficies, hacer las muescas de las llaves o producir cualquier superficie plana.

Tecnologías de la vida cotidiana pág. 82

LA MECANIZACIÓN DE LA AGRICULTURA

Entre 1750 y 1850, el aumento de la población y la creciente demanda de alimento fueron las principales causas del impulso de la agricultura y del gran desarrollo de las técnicas agrícolas. El proceso partió de Inglaterra, favorecido por la presencia de las industrias que, con técnicas y materiales nuevos, comenzaron a producir las primeras máquinas agrícolas. Posteriormente se extendió al resto de Europa. Durante el siglo XIX las innovaciones fueron muy numerosas: se cambió el arado artesanal de madera por el de hierro fundido y, después, el de acero, la sembradora eliminó este trabajo manual, la roturadora y la trilladora accionadas por caballos que tiraban de estas máquinas quitaron el puesto a los tradicionales aparejos manuales. A pesar de esto, los campesinos raramente podían contar con el capital suficiente para adquirir una máquina y, por

El nacimiento de la agricultura vol. 17 - pág. 84

La revolución agrícola vol. 20 - pág. 72

La segadora McCormick era una máquina de tracción que realizaba el corte con una cizalla y un portacuchillas. De la parte trasera sobresalían dos series de cuchillas triangulares con dientes muy agudos.

Cuando las dos filas de cuchillas se movían, cada una en una dirección, cortaban las espigas.

lo tanto, continuaron hasta finales del siglo XIX utilizando silos e instrumentos tradicionales.

Máquinas para segar, trillar y todo el equipo del granero comenzaron a utilizarse sobre todo en las grandes tierras de labor lo que llevó a una notable reducción de los tiempos de trabajo y de la mano de obra. En la segunda mitad del siglo, Norteamérica se puso por delante de Inglaterra gracias a las grandes innovaciones en el campo de la mecanización de la agricultura. Este es el caso de la primera segadora que se utiliza con éxito, una máquina inventada por el americano Cyrus McCormick. Gracias a la introducción de las máquinas, la agricultura consiguió un gran aumento en su producción y, de este modo garantizar, tanto en Europa como en Estados Unidos, la satisfacción de la creciente demanda de productos agrícolas.

Antes de la introducción de la segadora mecánica, la siega era una operación que requería una enorme cantidad de mano de obra, lo que obligaba a contratar a mucho personal durante la época de recolección.

La conservación de los alimentos
pág. 64

La revolución verde
vol. 24 - pág. 76

CHARLES DARWIN

Charles Darwin, el quinto de seis hijos, nació en Inglaterra en 1809. Comenzó a estudiar, siguiendo los pasos de su padre, la carrera de medicina, que abandonó para empezar estudios teológicos, que también abandonó. Las condiciones desahogadas de la familia le permitieron cultivar sus intereses naturalistas que había mostrado desde pequeño. En 1831 se le presentó a Darwin la ocasión de hacer un viaje en calidad de naturalista a bordo de la embarcación inglesa *Beagle* que, en su vuelta alrededor del mundo, tocaría las costas de América meridional y algunas islas de las Galápagos. El viaje en el *Beagle* fue fundamental para Darwin; cuando volvió a Inglaterra había recogido una cantidad enorme de observaciones y de datos que constituyeron el fundamento de su teoría de la evolución. *El origen de las especies* se publicó en 1859 y se agotó el mismo día de su publicación. La teoría de la evolución partía de la constatación de que todos los seres vivos son diferentes y que algunas características pueden ser

La clasificación de los seres vivientes
vol. 22 - pág. 16

El evolucionismo de Lamarck
vol. 22 - pág. 90

La evolución biológica
vol. 9 - pág. 54

El *Beagle* era un bergantín inglés que, desde 1831 hasta 1836, realizó un viaje a lo largo de las costas de Sudamérica y el Pacífico.

Darwin estudió muchos restos fósiles de animales y vegetales que le proporcionaron pruebas de la evolución. De hecho, estas demostraban que animales y plantas habían cambiado con el tiempo, y que entre los ejemplares que habían vivido en el pasado y los actuales existía un parentesco común.

una ventaja o un daño para los individuos que las poseen, garantizándoles mejores o peores condiciones de supervivencia. En la continua «lucha por la existencia» tienen ventaja los individuos que poseen aquellas pequeñas variaciones capaces de favorecerles mientras muchos sucumben. El ambiente realiza una continua «selección natural», a través de la cual elige los organismos que presentan las mejores características, es decir, los más aptos. Estos transmiten las adaptaciones que se manifiestan útiles a sus descendientes quienes, de este modo, resultan diferentes de sus progenitores. El descubrimiento de la evolución biológica permitió unificar las diversas teorías de las ciencias de la vida y, pocos años después de que Darwin la enunciase, se intentó aplicar las leyes de la evolución al campo social y económico. El socialdarwinismo interpretó, por ejemplo, las diferencias sociales sobre una base biológica, con lo que a menudo se llegó a resultados bastante discutibles.

El parentesco entre hombres y monos, que constituía la base de la teoría evolutiva de Darwin, escandalizó a muchos de sus contemporáneos. El estudioso solía ser ridiculizado en viñetas que lo mostraban con aspecto simiesco y en actitudes de gran familiaridad con estos animales.

La mayoría de las observaciones de Darwin son de los primeros tres años y medio de viaje, cuando el *Beagle* seguía la costa de Sudamérica y se dirigía hacia las Islas Galápagos. Posteriormente la embarcación atravesó el Pacífico hasta Tahití, hizo una pequeña escala en Nueva Zelanda y Australia, y después regresó a Inglaterra a través de Santa Elena y Sudamérica.

Darwin mantuvo numerosos contactos con los habitantes de los lugares que visitaron, como fue el caso de los llamados gigantes patagones.

Darwin visitó la Tierra de Fuego, situada en el extremo de Sudamérica, en 1834.

En las islas Malvinas, Darwin tomó muchos apuntes sobre la flora y la fauna de las islas.

En las islas Galápagos, Darwin llevó a cabo una observación fundamental para su teoría de la evolución. Se dio cuenta de que los pinzones de cada una de las islas presentaban picos ligeramente diferentes los unos de los otros. Lanzó la hipótesis de que debían tener un antepasado común cuyos descendientes habían desarrollado picos y costumbres diferentes.

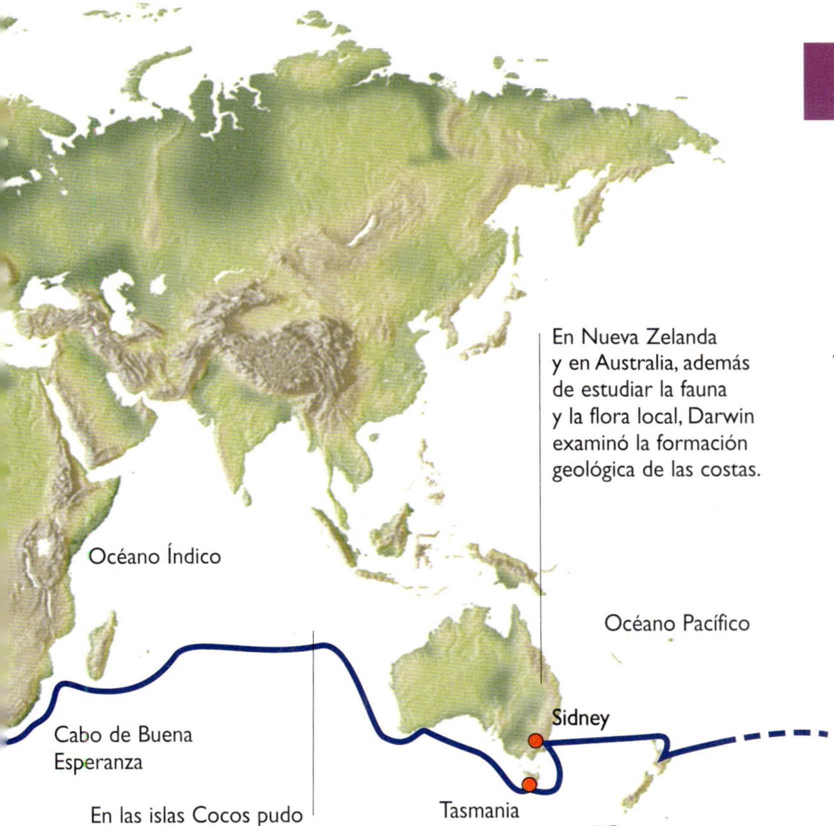

En Nueva Zelanda y en Australia, además de estudiar la fauna y la flora local, Darwin examinó la formación geológica de las costas.

En las islas Cocos pudo estudiar las barreras coralinas, demostrando que se trataba de arrecifes pertenecientes a islas volcánicas situadas bajo el nivel del mar.

En el curso de su viaje, Darwin estudió y describió muchos animales hasta entonces desconocidos. Cerca de Punta Alta (costa de América meridional), Darwin descubrió los restos de enormes animales extinguidos como el *Mylodon Darwin* (a la derecha). Este hallazgo le confirmó su teoría de que algunos animales se habían modificado a lo largo del tiempo para adaptarse al ambiente.

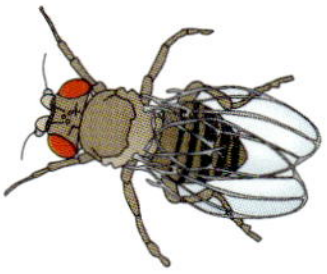

El nacimiento de la genética
vol. 24 - pág. 16

En los orígenes de la humanidad
vol. 24 - pág. 64

MAXWELL REÚNE LA LUZ Y LA ELECTRICIDAD

A mediados del siglo XIX el científico escocés James Clerck Maxwell, tomando como base los resultados obtenidos por Faraday con el electromagnetismo, observó que un campo eléctrico generaba un campo magnético (definido como «inducido» puesto que viene causado por la presencia del campo eléctrico), el cual, a su vez, era fuente de un segundo campo eléctrico. A través de una serie de ecuaciones, Maxwell llegó a afirmar que en cada punto del espacio se generaba una vibración eléctrica y una vibración magnética; estas vibraciones se propagaban en el espacio, como hacen las ondas de agua después de lanzar una piedra a un estanque, y producían una onda electromagnética.

En 1837, tras complejas ecuaciones, Maxwell afirmó que la velocidad de propagación de las ondas electromagnéticas es la misma que la velocidad de la luz y concluyó que también la luz es un fenómeno electromagnético. El físi-

¿Qué es la luz?
vol. 4 - pág. 12

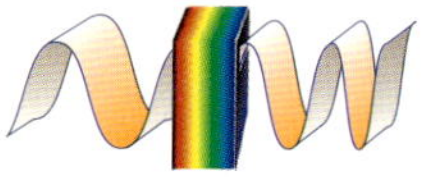

Las ondas electromagnéticas
vol. 4 - pág. 14

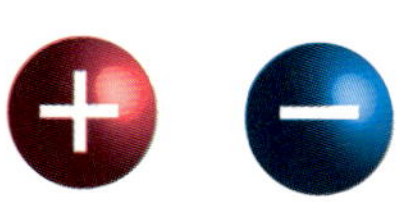

¿Qué es la electricidad?
vol. 4 - pág. 66

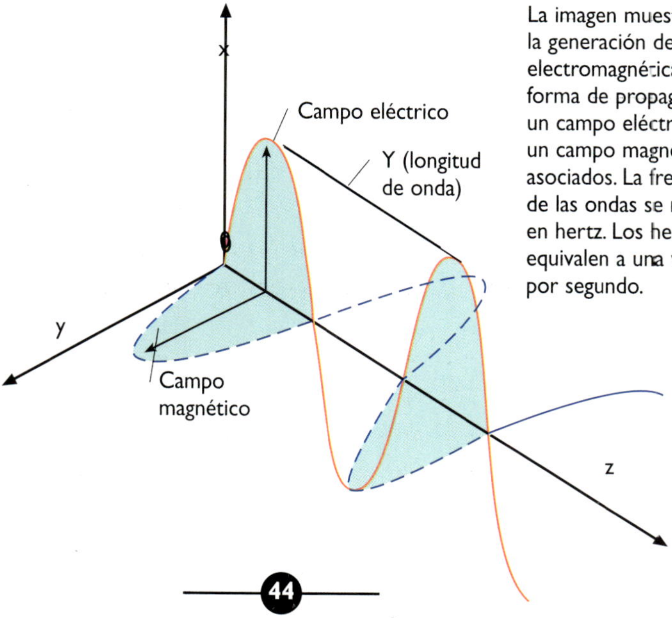

La imagen muestra la generación de la onda electromagnética como forma de propagación de un campo eléctrico y de un campo magnético asociados. La frecuencia de las ondas se mide en hertz. Los hertz equivalen a una vibración por segundo.

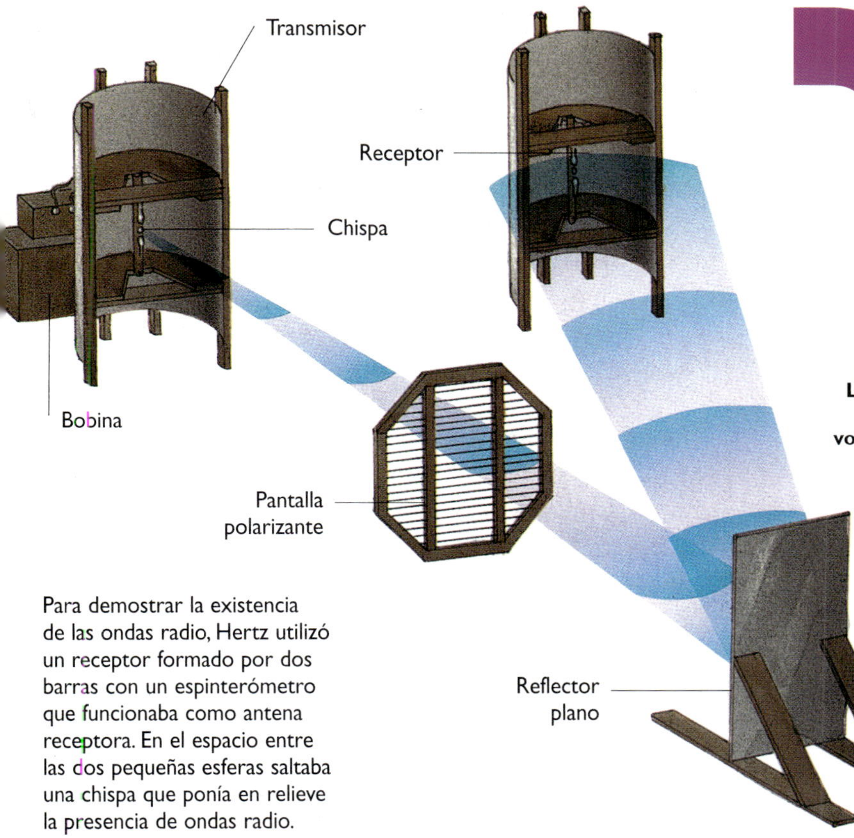

Para demostrar la existencia de las ondas radio, Hertz utilizó un receptor formado por dos barras con un espinterómetro que funcionaba como antena receptora. En el espacio entre las dos pequeñas esferas saltaba una chispa que ponía en relieve la presencia de ondas radio.

La mecánica cuántica
vol. 24 - pág. 14

co alemán Heinrich Hertz, entre 1885 y 1889, llevó a cabo algunas investigaciones que confirmaron la existencia de la radiación electromagnética, descubierta por Maxwell, e indicó el modo de descubrirlos. Gracias a un aparato especial, Hertz logró observar las ondas radio y demostró que estas eran un tipo particular de ondas electromagnéticas.

El descubrimiento de las ondas electromagnéticas, conocidas posteriormente como ondas hertzianas, permitió realizar, gracias también a los descubrimientos de Guillermo Marconi, la telegrafía sin hilos. Posteriormente las ondas electromagnéticas serían la base de la invención de la radio y de la televisión.

Einstein y la relatividad
vol. 24 - pág. 24

Louis Pasteur

Los microorganismos se conocían desde hacía tiempo pero fue en la segunda mitad del siglo XIX cuando se comprendió que eran precisamente ellos los responsables de algunas enfermedades que afectaban a las plantas, a los animales y al ser humano. Fue un químico francés, Louis Pasteur, el que, estudiando la fermentación alcohólica, descubrió que no se trataba de un fenómeno puramente químico, sino que se debía a organismos vivientes microscópicos: las bacterias. Para curar las enfermedades del vino, Pasteur ideó el proceso llamado pasteurización que consiste en el calentamiento y posterior enfriamiento, sin contacto con el aire, de las sustancias a conservar, para destruir los gérmenes y aumentar la duración. Rápidamente, Pasteur pasó a ocuparse de problemas biológicos y su gran oportunidad se la proporcionó una epidemia que afectaba a los gusanos de seda y que estaba llevando a la crisis a la industria sérica francesa. En 1867, Pasteur demostró que la responsable de esa enfermedad era una bacteria con aspecto de hongo microscópico. Las investigaciones posteriores le confirmaron a Pasteur que los microorganismos eran responsables

La teoría microbiana de las enfermedades, formulada por Pasteur, encontró fuertes resistencias: muchos creían que los microorganismos eran consecuencia y no causa de las enfermedades, pues pensaban que era imposible que organismos tan pequeños pudiesen dañar a organismos más grandes llegando incluso a provocarles la muerte.

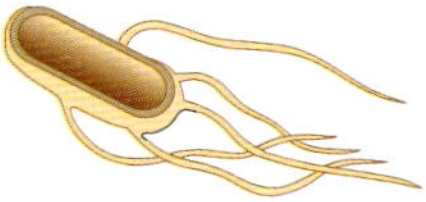

Las bacterias
vol. 9 - pág. 34

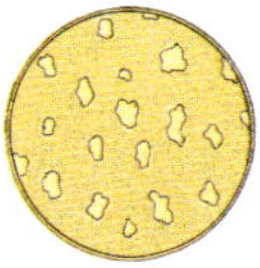

La generación espontánea
vol. 22 - pág. 34

Las vacunas
vol. 22 - pág. 80

Pasteur, que preparó y suministró él mismo las vacunas, comprendió que era necesario atenuar la virulencia de los gérmenes antes de inyectarlos. Esto hizo posible que el organismo no sólo no muriera, sino que, además, se activaran las defensas contra la enfermedad.

El descubrimiento de los antibióticos vol. 24 - pág. 44

La vacuna antipoliomelítica vol. 24 - pág. 58

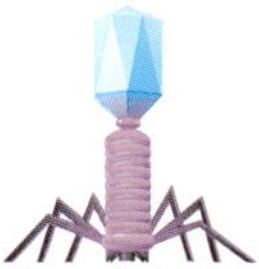

El descubrimiento de los virus vol. 24 - pág. 32

de muchas infecciones. Además demostró que su difusión estaba provocada por el contacto con ambientes sucios donde las bacterias podían proliferar y transmitirse fácilmente a través del aire. Por esta razón, Pasteur subrayó la importancia de utilizar instrumentos quirúrgicos previamente esterilizados y de adoptar en los hospitales normas higiénicas más rigurosas. Tal vez la contribución más relevante de Pasteur se refiere a la práctica de las vacunaciones: usando organismos oportunamente debilitados, consiguió preparar vacunas para la profilaxis de algunas enfermedades y, en 1885, curó a un niño que había sido mordido por un perro rabioso. Incluso sin haber conseguido identificar el bacilo de la hidrofobia, Pasteur había preparado una vacuna capaz de neutralizarlo: la vacuna antirrábica.

Robert Koch

El bacteriólogo alemán Robert Koch inició su actividad en la segunda mitad del siglo XIX como médico en un pequeño pueblo de Alemania. Aquí se encontró frente a enfermedades cuyas causas se ignoraban; algunos médicos habían lanzado la hipótesis de que los responsables podrían ser organismos pequeñísimos que, por desgracia, nadie había detectado aún. Cuando en su región estalló una epidemia que mató a muchos animales domésticos, Koch preparó en su estudio un pequeño laboratorio y gastó todas sus energías en examinar con el microscopio las muestras sacadas de los animales muertos. Consiguió aislar el bacilo de carbunclo, responsable de la enfermedad, y determinar su ciclo vital. A este primer éxito siguieron más investigaciones en los métodos de estudio de los microorganismos responsables de muchas patologías. En particular, Koch ideó un sistema para cultivar los bacilos fuera del organismo viviente (los cultivos) y un procedimiento de reproducción de los gérmenes y, otro, de reproducción fotográfica de los preparados microscópicos. Después del descubrimiento del bacilo de la tuberculosis, Koch se fue a la India, a Japón y a África donde estudió los gérmenes de enfermedades como el cólera, la malaria o el tifus. Cuando, en 1892, una epidemia de cólera afectó a la ciudad de Hamburgo, Koch se ocupó personalmente de que se adoptaran medidas higiénicas precisas, como el aislamiento de los enfermos, la desinfección de los locales y el control del agua potable. Tales precauciones también se revelaron eficaces con ocasión de otras epidemias; y, junto a los resultados en el campo bacteriológico, representan la contribución esencial de Koch a la ciencia médica moderna.

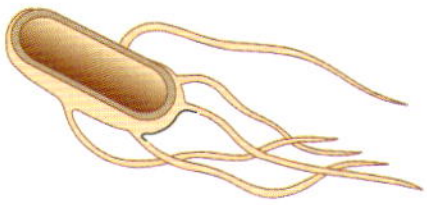

Las bacterias
vol. 9 - pág. 34

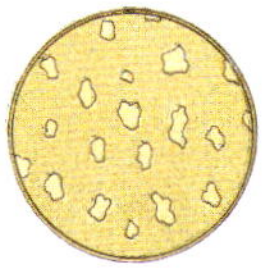

La generación espontánea
vol. 22 - pág. 34

La vacunación
vol. 22 - pág. 80

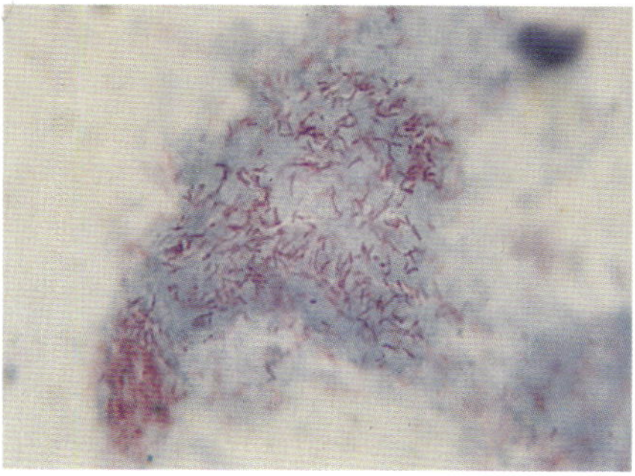

Hacia 1881, Koch consiguió realizar cultivos artificiales y aislar el bacilo de la tuberculosis, que tomó su nombre.
El anuncio del descubrimiento del bacilo se hizo el 24 de marzo de 1882, pero fue necesaria una amplia promoción y bastante tiempo para convencer al público dubitativo.

En 1883 Koch se fue a Asia y a África para estudiar la peste bubónica y el cólera, y en ese mismo año determinó el agente patógeno responsable del cólera.

El descubrimiento de los antibióticos
vol. 24 - pág. 44

La vacuna antipoliomelítica
vol. 24 - pág. 58

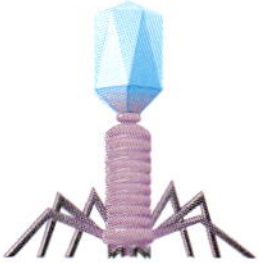

El descubrimiento de los virus
vol. 24 - pág. 32

CLAUDE BERNARD

Claude Bernard llegó a París en 1834, a la edad de 21 años, con la esperanza de llegar a ser dramaturgo y poeta, pero se vio disuadido rápidamente por un crítico literario que leyó algunas de sus comedias. Estudió medicina y, convencido defensor de la medicina experimental, fue él mismo un infatigable experimentador. Gracias a numerosos experimentos realizados con conejos y perros, Bernard fue capaz de determinar el papel del páncreas en la absorción de las grasas. En 1848, consiguió extraer de un perro, a través de la intubación del conducto pancreático, el jugo pancreático y usarlo para demostrar como actúa este sobre las grasas a través de la saponificación.

Hacia los años 50, Claude Bernard realizó muchos experimentos –en el interior del organismo– para descubrir cómo

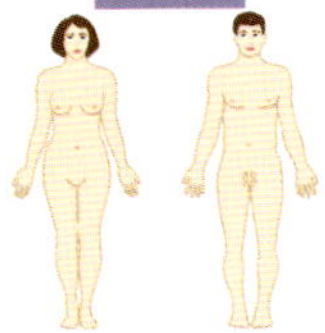

El cuerpo humano
vol. 18

y dónde tenía lugar la descomposición de los azúcares ingeridos por los alimentos. De hecho, el estudioso se había sorprendido bastante con el hecho de que el azúcar se hallase también en la sangre de animales en ayunas. Algunos años más tarde, un experimento decisivo le llevó a aislar la sustancia de la que derivaba el azúcar: los tejidos del hígado contenían esta sustancia que Bernard llamó glucógeno. Otras importantes contribuciones de Bernard al campo fisiológico fueron las relacionadas con el sistema nervioso, en particular sus investigaciones acerca de las inervaciones de la cara, de las cuerdas vocales y del diafragma, y los estudios sobre el control neurológico de los procesos metabólicos. En este campo, Bernard fue capaz de producir una «diabetes artificial» a través de una lesión local en el sistema nervioso central.

Bernard realizaba la mayor parte de sus experimentos con animales diseccionados vivos. Con este fin, además de las usuales técnicas quirúrgicas, utilizó un veneno, el *curare*, que bloqueaba localmente las funciones vitales.

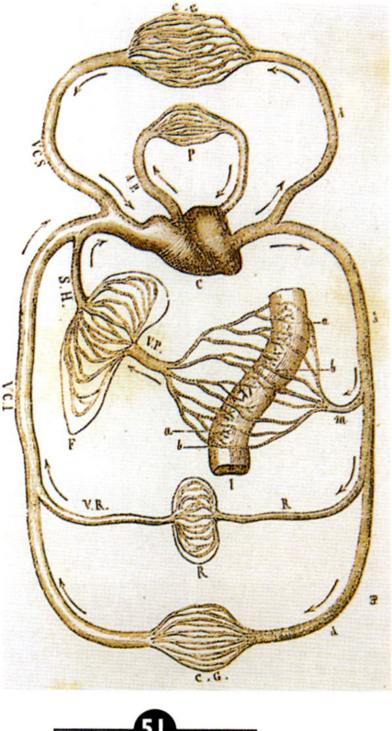

Bernard realizó varios experimentos con el hígado de animales en los que demostró que el azúcar entraba en la sangre del hígado, que después la descomponía para una lenta liberación en forma de glucosa según las necesidades del cuerpo.

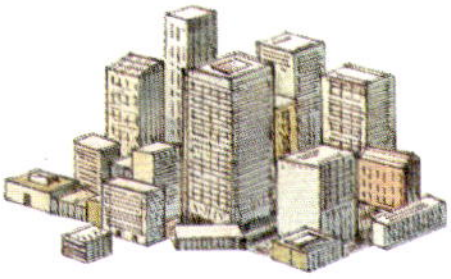

LA CIUDAD MODERNA

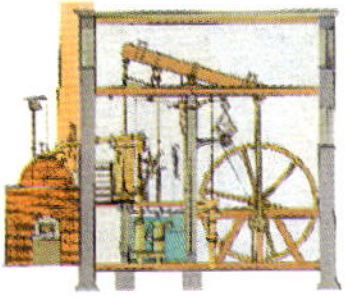

La Revolución industrial
vol. 22 - pág. 42

Durante el siglo XIX el aspecto de la ciudad cambia radicalmente: la disponibilidad de nuevos materiales –como el cemento armado y el acero– y la invención del ascensor, permiten la construcción de rascacielos. Se insertan en los edificios urbanos muchos aparatos que hoy en día nos son familiares pero que hace un siglo constituían un motivo de atracción y curiosidad.

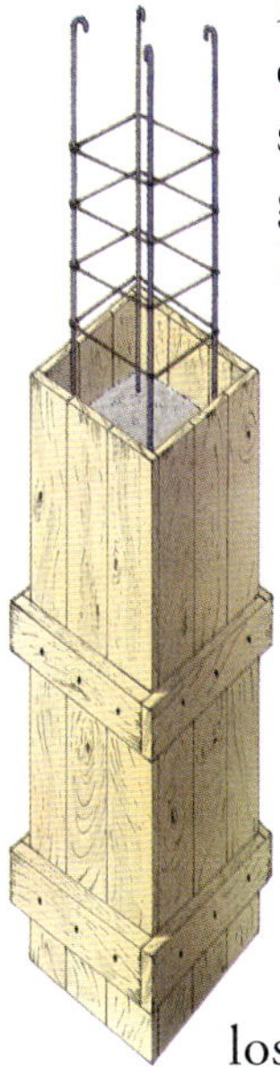

La ciudad se convierte en una especie de gran engranaje que debe funcionar cada vez mejor: si, por un lado, los progresos tecnológicos han garantizado –a través del tranvía y el metropolitano– desplazamientos más rápidos, por otro lado, urge dar solución a problemas higiénicos ligados a una densidad de población cada vez mayor. Por ejemplo, en el siglo XIX la mayor parte de las casas humildes no tienen aún agua corriente y existen sólo fuentes públicas de barrio; incluso las casas más ricas disponen de agua sólo en los pisos bajos. La ciudad necesita cada vez más agua, que recibe de pozos y, sobre todo, de ríos y fuentes. En la primera mitad del siglo XIX se empezaron a construir nuevos acueductos que, a causa de los escasos controles de la calidad del agua, propagaron muchas enfermedades.

La vida en las ciudades
vol. 22 - pág. 84

En esta primera mitad del siglo XIX, el sistema de alcantarillado era una simple red de drenaje del agua de lluvia, los desechos de las casas fluían hacia fosos para después ser utilizados como abono. Sólo a partir de la segunda mitad del siglo XIX comienzan las obras de modernización del alcantarillado. A finales del siglo se introduce el uso del *water closet*, pero tendrá que pasar mucho tiempo antes de que estos se comuniquen con el alcantarillado.

El Home Insurance Building en Chicago, primer ejemplo del uso del acero en grandes cantidades para la construcción.

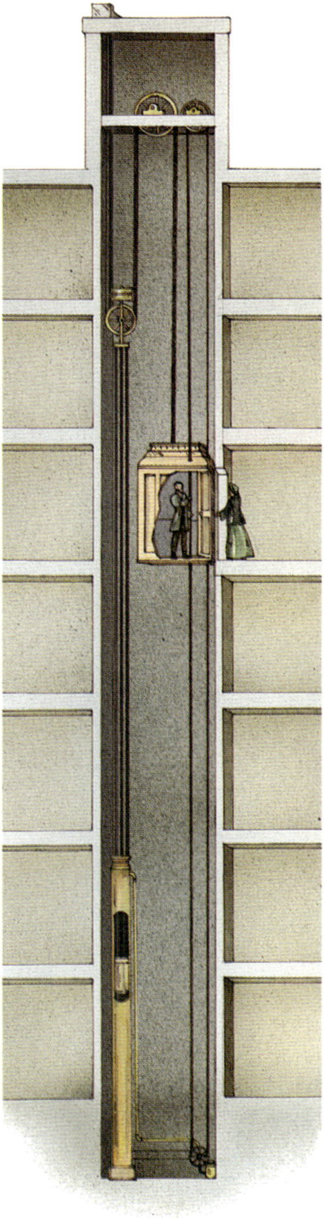

La característica fundamental de las viviendas modernas es la construcción con cemento armado. Estas normalmente están constituidas por una estructura portante formada por pilares y vigas de cemento armado que representa una especie de esqueleto de la casa. Para clausurar los vanos presentes en la estructura portante se insertan paneles de material ligero. Los primeros edificios de cemento armado se relizaron en Chicago.
A la izquierda: el cemento armado constituido, por cemento y hierro, tiene la enorme ventaja de poder realizarse con cualquier forma y dimensión para construir pilares altísimos y largas vigas.

En 1852, el ingeniero americano Elisha Otis inventó el primer ascensor de vapor. Se instala en 1857 en un gran almacén de Nueva York.

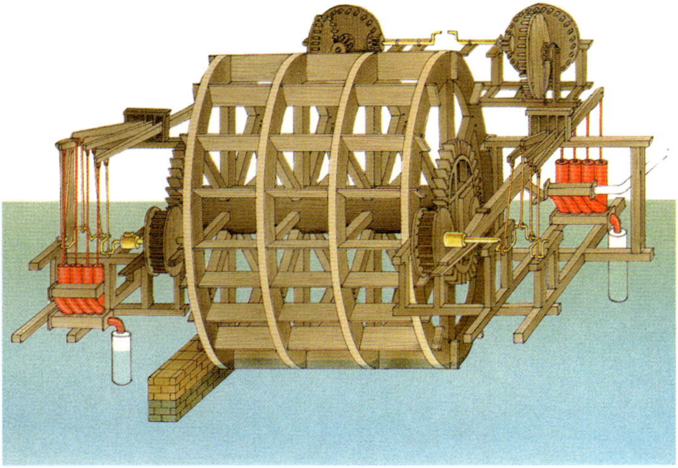

A comienzos del siglo XIX en Inglaterra, unas máquinas gigantescas bombeaban el agua del Támesis en cantidades tan grandes que dejaron el río casi seco.

El agua sucia desciende a las cloacas y allí se depura. La depuración es un proceso que comprende dos fases: la fase de sedimentación, por la que se depositan los sólidos que estaban en suspensión; la fase de oxidación, en la que los microorganismos destruyen las sustancias de desecho del agua. Ya filtrada y depurada, el agua vuelve al río para que se pueda volver a utilizar.

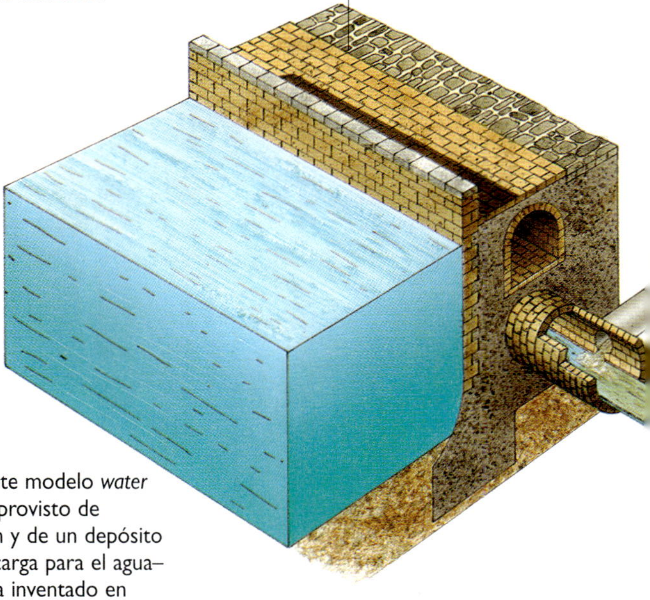

El retrete modelo *water closet* –provisto de un sifón y de un depósito de descarga para el agua– se había inventado en 1596 para la reina Isabel I de Inglaterra, pero no se introdujo en las casas hasta finales del siglo XIX.

A cada grifo de suministro
le corresponde
un conducto de descarga
que lleva el agua sucia
a las cloacas.

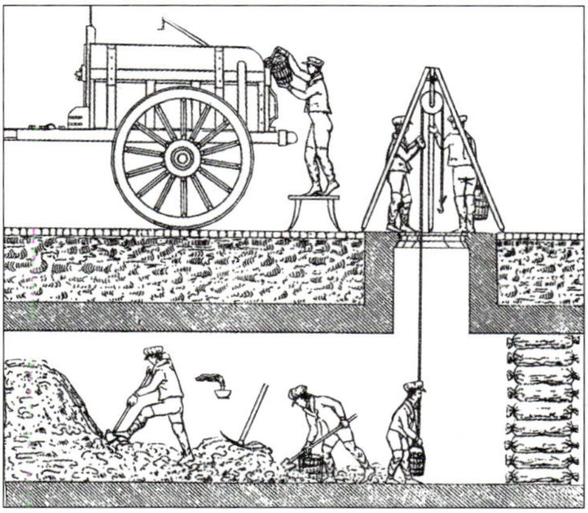

Los tipos, las dimensiones y las formas de los alcantarillados eran muy variables. En París medían 1,7 metros de altura y 70 centímetros de anchura. Las cloacas se limpiaban periódicamente.

Las exposiciones universales pág. 66.

La industria química

A comienzos del siglo XIX, el químico sueco Jöns Jacob Berzelius acuñó el término química orgánica para definir el estudio de todas las sustancias producidas por organismos vegetales y animales, sustancias que –según él– diferían de un modo radical de las inorgánicas. Sin embargo, en 1821, el italiano Amedeo Avogadro afirmó que las sustancias orgánicas se diferenciaban de las inorgánicas solamente por una organización diferente de los elementos y, por lo tanto, podían reproducirse en laboratorio. La tesis de Avogadro se confirmó por medio de investigaciones experimentales y encauzó una serie de estudios muy importantes; por ejemplo, el de las grasas a partir de las cuales se aísla el ácido esteárico, fundamental para el desarrollo de la industria de las velas. Estos estudios permiten aislar también la glicerina que, junto al ácido esteático y otras muchas sustancias, incrementaron y mejoraron diversos sectores productivos.

Los colorantes
vol. 3 - pág. 86

La Revolución industrial
vol. 22 - pág. 42

En el siglo XIX sólo había colorantes de origen vegetal; a mediados de siglo, los químicos lograron producir colores sintéticos, y abrieron así camino a un sector de la industria química que tendría un gran desarrollo.

En los últimos treinta años del siglo la química realizó grandes progresos en los ámbitos teórico, experimental e industrial –por ejemplo en la fabricación de perfumes y de azúcares–, se descubrieron nuevos compuestos naturales y se hicieron síntesis de compuestos ya conocidos. La tecnología química se ocupaba de la transformación de una sustancia en otra de diferente composición y propiedades como, por ejemplo, la conversión de la grasa en jabón, de la sal en sosa y de la anilina y derivados en colorantes.

En el siglo XIX la química teórica hizo progresos importantes en el estudio de las partículas elementales de las sustancias. Dimitri Mendeleev clasificó los elementos químicos según sus pesos atómicos, la célebre tabla periódica de los elementos. Justus von Liebig fundó un laboratorio químico con el objetivo de formar a sus alumnos en la investigación y contribuyó a desarrollar unas óptimas relaciones entre los estudiosos y el mundo industrial.

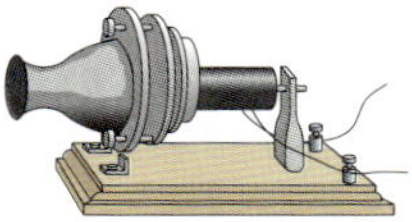

La invención del teléfono

Ya en 1820 se conocía el fenómeno de la transmisión del sonido a través de tubos metálicos o de cristal. En torno a 1850, el físico florentino Antonio Meucci diseñó un «receptor acústico reversible» y solicitó la patente en 1871 por la invención del teléfono, pero no pagó los impuestos necesarios. Será en 1876 cuando lo patente Graham Bell, un profesor de niños sordos que desde hacía tiempo buscaba una especie de «oreja artificial». El aparato de Bell era básicamente un diafragma que las ondas sonoras hacían vibrar y funcionaba tanto de transmisor como de receptor, pero sólo a distancias cortas. Bell hizo una demostración pública de su teléfono en Washington y otras muchas en teatros y salas de conferencias.

En 1877 Edison patentó un aparato con micrófono de carbón que también podía utilizarse en las comunica-

El teléfono
vol. 4 - pág. 86

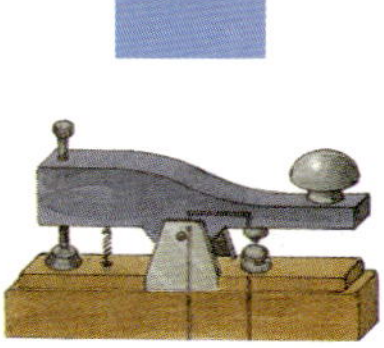

El telégrafo
pág. 26

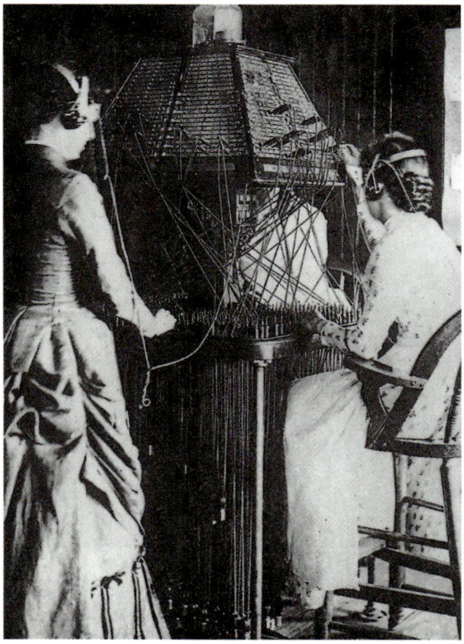

A partir de 1877 comenzaron a instalarse las redes telefónicas en las grandes ciudades de los Estados Unidos y después en Europa. Las primeras conexiones telefónicas de larga distancia se establecían a través de cables submarinos de cobre con un gran diámetro.
La primera central telefónica fue inaugurada en New Haven (EE. UU.) en 1878 y la utilizaban 28 abonados.

El receptor Bell, que inicialmente servía también de micrófono, tenía una membrana que, al vibrar, hacía variar el flujo de un electroimán. Un hilo eléctrico conducía estas variaciones.

ciones a larga distancia y el mismo año se inventó el microteléfono (la combinación de micrófono y receptor en el mismo soporte, como en el teléfono actual). Al principio, las señales telefónicas de ida se transmitían a través de un hilo (como el telégrafo), mientras que el circuito de vuelta era por tierra. Desde 1877 se utilizó la línea totalmente metálica que permitía eliminar molestias e interferencias.

El número de líneas telefónicas que iban de una casa a otra en la ciudad aumenta de tal manera que nace el cable telefónico, con aislamiento de papel entre hilo e hilo y funda externa de plomo. En 1888 ya había cables con 50 parejas de hilos.

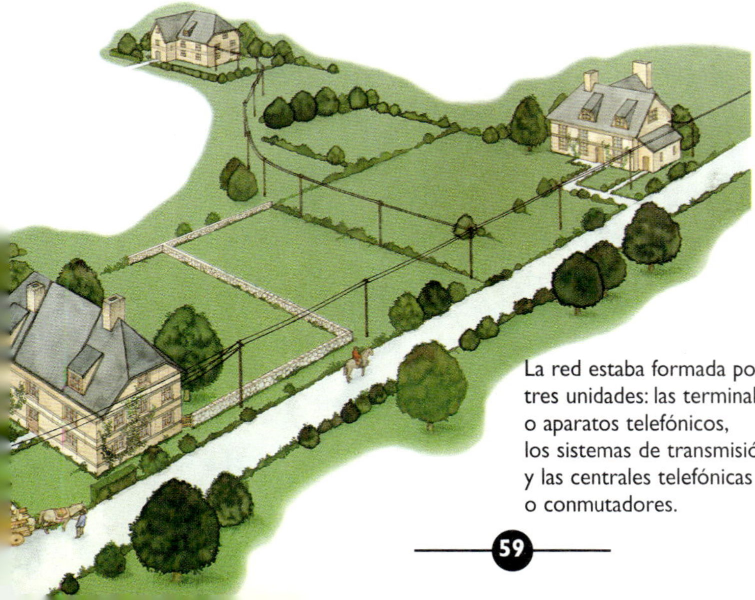

La red estaba formada por tres unidades: las terminales, o aparatos telefónicos, los sistemas de transmisión y las centrales telefónicas o conmutadores.

Internet
vol. 19 - pág. 82

La invención de la radio
vol. 24 - pág. 10

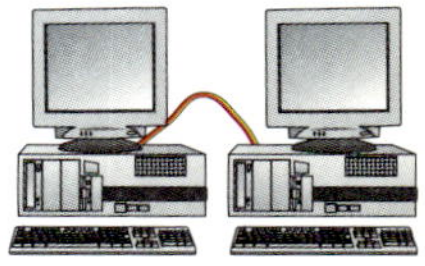

La tele-informática
vol. 24 - pág. 82

EL CRUCERO DEL *CHALLENGER*

El nacimiento de la oceanografía –la ciencia que estudia los océanos y los mares–, coincide con la empresa de la nave inglesa *Challenger* («Desafiador»). Las expediciones de los siglos XVIII y XIX, si bien numerosas, habían dejado muchas cuestiones sin resolver acerca del entorno natural. Se sabía poco de las corrientes oceánicas y poquísimo de la vida en las profundidades del océano.

Durante la expedición –que duró cuatro años (desde 1872 a 1876)– los tripulantes del *Challenger* investigaron, observaron y consiguieron recoger una gran cantidad de datos. Hicieron, por ejemplo, mediciones de la temperatura, salinidad y composición química del agua según la profundidad y la posición. A partir de estas medidas descubrieron que, a mayor profundidad, el agua tenía una

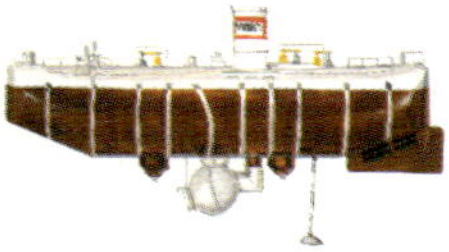

La investigación oceanográfica vol. 15 - pág. 88

Una sonda de profundidad es izada a bordo por los marineros del *Challenger*.

temperatura más baja. Los naturalistas de la nave dragaban el fondo para recoger materiales, lo que les permitió descubrir que las grandes profundidades no estaban desiertas, como habían imaginado, sino pobladas de diferentes seres vivos. El trabajo de preparación y catalogación de las muestras para enviar a los científicos que las deberían de estudiar, así como la transcripción y publicación de los resultados de la expedición, ocuparon cerca de 15 años. Los datos recogidos se publicaron en más de 50 volúmenes. En el curso de la campaña oceanográfica, el *Challenger* recorrió 111 000 kilómetros (59 900 millas marinas).

La nave estaba dotada de laboratorios muy bien equipados que permitían el examen y la catalogación de las muestras vegetales y animales recogidas.

El hombre bajo el agua
vol. 24 - pág. 38

La navegación a vapor

Las máquinas a vapor
vol. 22 - pág. 38

Los primeros intentos de aplicación del vapor a las naves se remontan a finales del siglo XVIII, pero sólo a partir de la segunda mitad del siglo XIX dieron resultados positivos. La navegación a vela era tan sofisticada que la aplicación de la fuerza del vapor no parecía necesaria; las propias naves de vapor estuvieron provistas también de un equipo de velas completo durante mucho tiempo. La reticencia a usar el vapor se debía también al peso del motor y del combustible, que obligaba a aumentar el tamaño de la nave. Los primeros barcos de vapor fueron los del americano Robert Fulton. Su *Catherine of Clermont*, más conocida como *Clermont*, navegó alrededor de Nueva York en 1807, únicamente con la fuerza del motor a vapor, movido por ruedas y palas. Las tecnologías de la fusión del hierro y la del motor de vapor desarrolladas en Gran Bretaña durante la Revolución Industrial mejoraron los proyectos de las primeras naves de vapor.

La *Great Western* que, en 1838 realizó la travesía del Océano Atlántico, tenía los motores más grandes que se habían visto y el vapor lo proporcionaban cuatro calderas. En los años 60, el constructor Isambard Kingdom Brunel realizó el proyecto de la colosal *Great Eastern*, cinco veces más grande que cualquier otra nave. Resultó demasiado grande para cualquier motor de la época y causó semejante impacto que el escritor Julio Verne la hizo protagonista de su novela *Una ciudad flotante*.

La época de la vela
vol. 22 - pág. 46

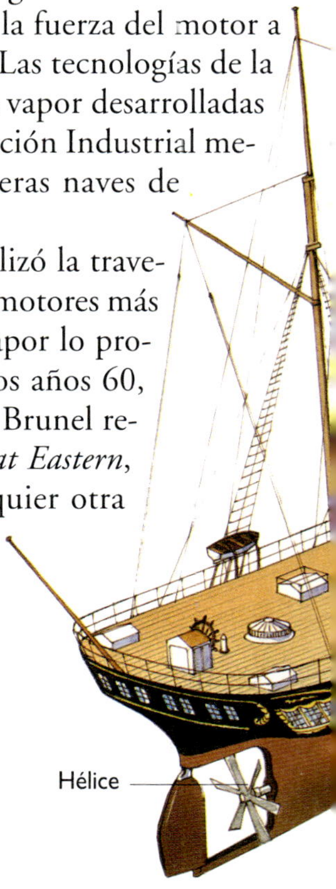

La *Warrior* fue la primera nave de guerra provista de casco de hierro que permitía una mayor velocidad, fiabilidad y duración. Sobre la quilla había otra placa de hierro que protegía a la nave de eventuales golpes.

En Inglaterra el apogeo de la navegación a vapor se alcanzó con la construcción de dos grandes naves: el transatlántico *Great Britain* y la nave de guerra *Warrior*.

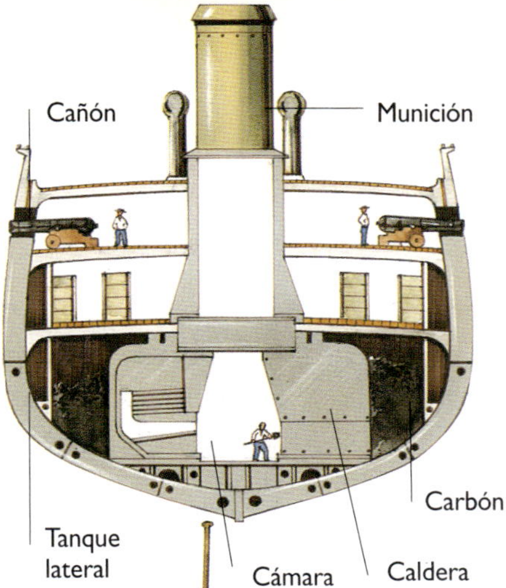

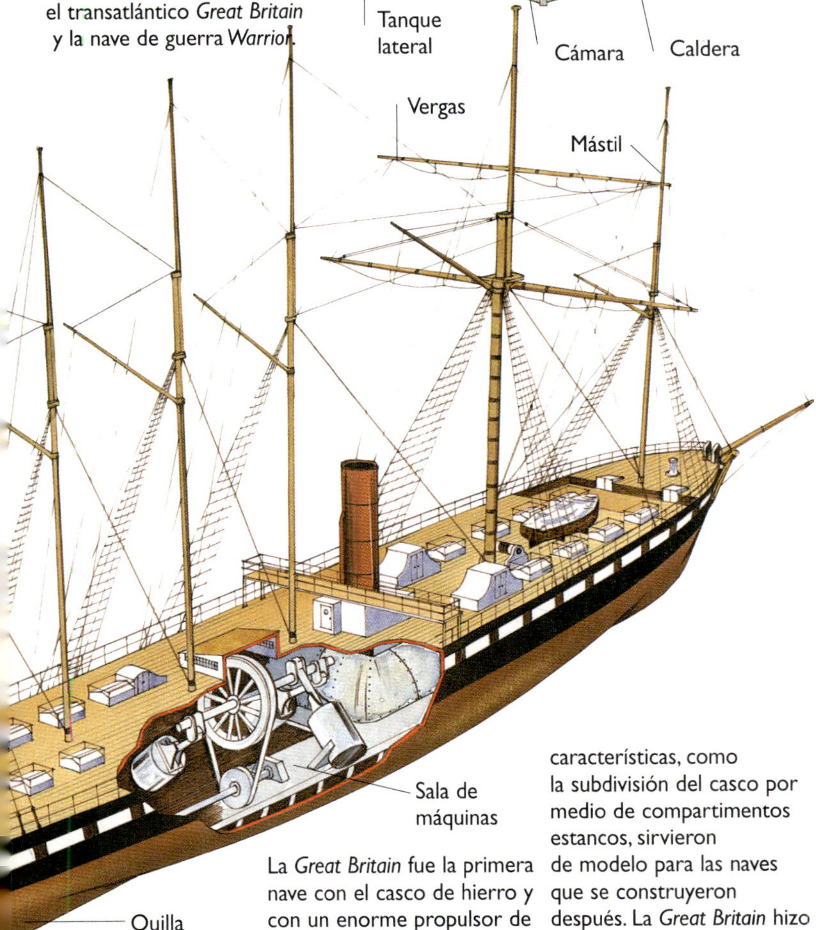

La *Great Britain* fue la primera nave con el casco de hierro y con un enorme propulsor de hélices, en lugar de la rueda con palas. Algunas de sus características, como la subdivisión del casco por medio de compartimentos estancos, sirvieron de modelo para las naves que se construyeron después. La *Great Britain* hizo el viaje inaugural a Nueva York en 1845.

LA CONSERVACIÓN DE LOS ALIMENTOS

Durante el siglo XIX el crecimiento de las ciudades y de las áreas industriales hizo necesarios más y mejores suministros alimenticios. Por tanto, era también necesario encontrar nuevos sistemas para el transporte y la conservación de los alimentos. Los viejos métodos –como la salazón o el secado–, además de no ser siempre eficaces, eran inadecuados para las nuevas exigencias del mercado.

Se realizaron muchos progresos en este campo en el siglo XIX. Así, en torno a 1850 se descubrió que era posible obtener bajas temperaturas a través de procesos químicos. Un francés, Charles Tellier, inventó una máquina para enfriar que utilizaba el amoniaco: al disolverse en el agua, el amoniaco absorbía el calor y generaba frío. En 1876, la *Frigoriphique*, la primera nave-frigorífico capaz

Australia era el país a la cabeza del sector de la conservación de los alimentos (la primera factoría para la congelación de la carne se realizó en Sidney en 1861). Australia fue también el primer país que exportó carne en lata. Al lado, una caja de hojalata que contiene carne de ternera.

En 1879 se construyó –para el servicio postal entre Inglaterra y Australia– el *Orient*, el primer buque de vapor equipado con frigoríficos para el transporte de mercancías no duraderas.

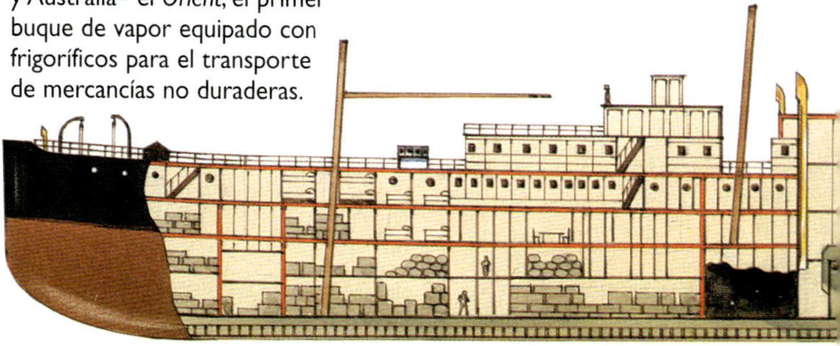

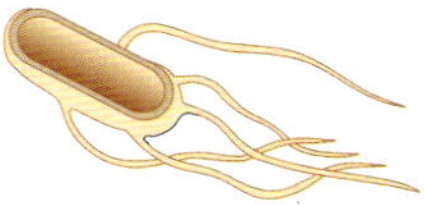

Las bacterias
vol. 9 - pág. 34

La mecanización de la agricultura
pág. 38

Louis Pasteur
pág. 46

de conservar alimentos gracias al frío y de transportarlos a grandes distancias, realizó su primer viaje de Rouen a Buenos Aires.

El uso de la hojalata supuso un gran progreso en la conservación de los alimentos. El origen de la moderna lata de conservas lo encontramos en un sistema ideado a principios de siglo por un cocinero parisino, Nicholas Appert, que calentaba los alimentos a altas temperaturas y después los cerraba privándoles de aire. Pero este sistema no garantizaba la esterilidad, es decir, la ausencia de bacterias, y los alimentos solían estropearse. La hojalata, una fina lámina de hierro recubierta de estaño, comenzó a utilizarse para las conservas gracias a su bajo coste y a su robustez, e inició la industria de la conservación de los alimentos.

La revolución verde
vol. 24 - pág. 76

En 1850 el químico alemán Justus von Liebig ideó un sistema para cocinar la carne y, a través de la evaporación, transformarla en un extracto. Gracias a este producto que se conservaba por tiempo indefinido, el nombre de Liebig se hizo famoso en todo el mundo.

LAS EXPOSICIONES UNIVERSALES

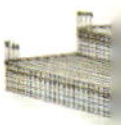

Las exposiciones universales ven su momento de máximo esplendor en la segunda mitad del siglo XIX.

Pensadas para mostrar y comparar los progresos tecnológicos de los diferentes países, suscitaron un interés y una curiosidad nunca vistos y atrajeron a un impresionante número de visitantes, sobre todo si se piensa en las dificultades de comunicación y de transporte de la época. En los edificios que las albergaban se podía encontrar una gigantesca exposición de productos, manufacturas, máquinas y curiosidades, símbolos de progreso y de civilización, e, incluso, ostentación de la riqueza y del poder de la nación. Las exposiciones universales fueron el instrumento para hacer a toda la sociedad partícipe de los progresos de la ciencia y de la técnica y, además, representaron un extraordinario vehículo publicitario para algunos de los objetos expuestos. Las grandes exposiciones fueron también la ocasión para rea-

Ciencia e industria
pág. 8

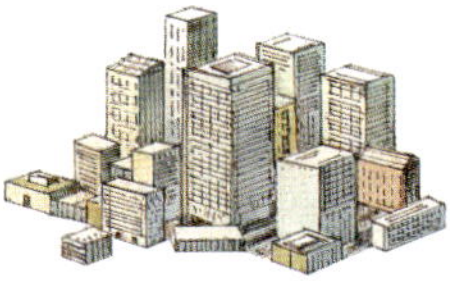

La ciudad moderna
pág. 52

La Revolución Industrial
vol. 22 - pág. 42

La Torre Eiffel, diseñada por el ingeniero y constructor Gustave Eiffel, fue el símbolo de la Exposición Universal de París de 1889. Con sus 300 metros de altura se convirtió en una atracción turística sin precedentes: al final de la exposición había tenido 1 900 000 visitantes.

El Crystal Palace, que fue construido en tan sólo cuatro meses, fue proyectado por Joseph Paxton con ocasión de la gran Exposición de Londres de 1851. Se consruyó con hierro, arrabio y hojas de cristal, que cubrían un espacio de 563 por 124 metros.

lizar ambiciosos y grandiosos proyectos arquitectónicos, como es el caso del Crystal Palace y de la Torre Eiffel. En 1851, Londres albergó la primera Exposición Universal. La visitaron 6 millones de personas y participaron 14 000 empresas con productos de todo tipo: materias primas, manufacturas artesanales y artísticas, máquinas, productos industriales. Siguieron a la exposición londinense la de Nueva York en 1853, la de París en 1855, la de Sidney en 1878, y las de Barcelona, Copenhague y Bruselas en 1888.

EDISON INVENTA LA «INNOVACIÓN»

El nombre de Thomas Alva Edison es sinónimo de modernidad: fue uno de los pioneros de la industria y un inventor muy prolífico (patentó más de 1 000 inventos), al cual debemos descubrimientos fundamentales como la bombilla, el fonógrafo y el cinetoscopio. Edison, que comenzó a trabajar siendo muy joven, tuvo un empleo como telegrafista en un importante ramal ferroviario y gracias a su primera invención, la imprenta universal para el telégrafo, consiguió formar una sociedad de «ingenieros eléctricos».

Desde Nueva York, Edison se trasladó a Menlo Park –entre Nueva York y Filadelfia– donde, en 1876, preparó su célebre laboratorio, «la fábrica de las invenciones», que se convertiría en un centro de investigaciones aplicadas a la electricidad, y donde, en tan sólo cuatro años, se patentaron trescientos inventos –una media de uno cada cinco días–, entre los que estaba la bombilla.

En el siglo XIX muchos trataron de aprovechar la luz que producía el filamento incandescente, pero Edison fue el

Al comienzo de su carrera, Edison se propuso tener una documentación completa de su actividad científica. Sus más de 3 500 libretas son testimonio no sólo de los descubrimientos más conocidos, sino también de sus innumerables ideas que nunca se llevaron a cabo.

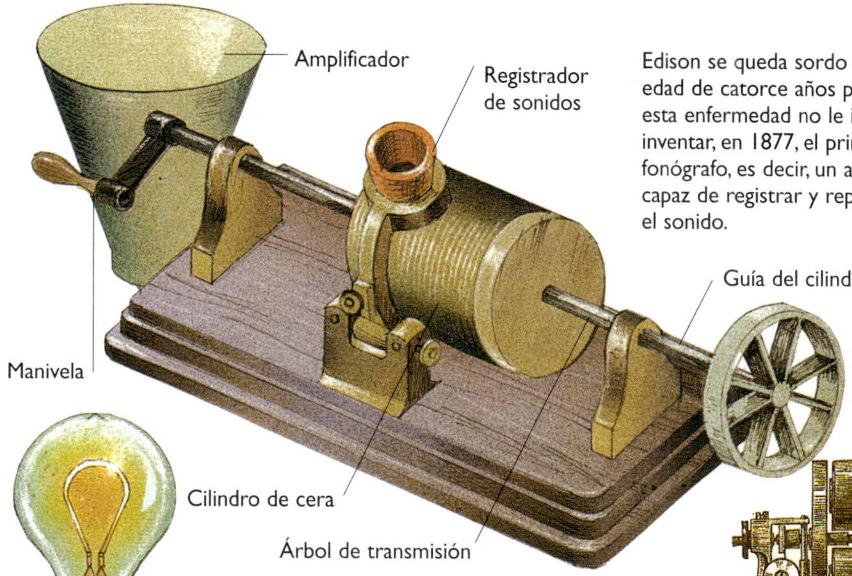

Edison se queda sordo a la edad de catorce años pero esta enfermedad no le impide inventar, en 1877, el primer fonógrafo, es decir, un aparato capaz de registrar y reproducir el sonido.

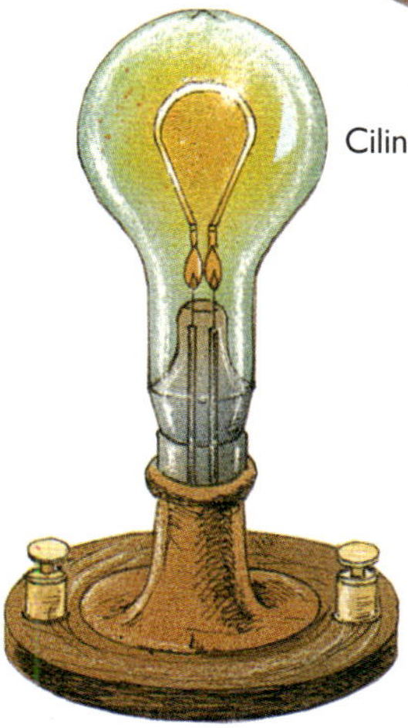

Antes de la invención de la bombilla, la iluminación se conseguía por medio de la combustión de aceites y resinas, de grasas de animales o cera, de alcohol, petróleo o gas. Con la llegada de la iluminación eléctrica, las bombillas Edison se comercializaron en todo el mundo.

único que tuvo la idea de hacer el vacío en la bombilla para impedir al filamento que se consumiera. En 1879, Edison realizó una bombilla eléctrica cuyo filamento era calentado por una corriente eléctrica a 2 800 grados; y, poco después, pudo iluminar con ella las calles de Menlo Park. En 1881, en la Exposición parisina, este sistema de iluminación obtuvo un éxito extraordinario y abrió el camino a la industria de la electricidad. En 1892, Edison fundó la General Electric, uno de los colosos de la producción eléctrica mundial. Con Edison se consolidó un método de estudio y de investigación basado en el trabajo en equipo de científicos y técnicos y muy unido a las exigencias del mercado.

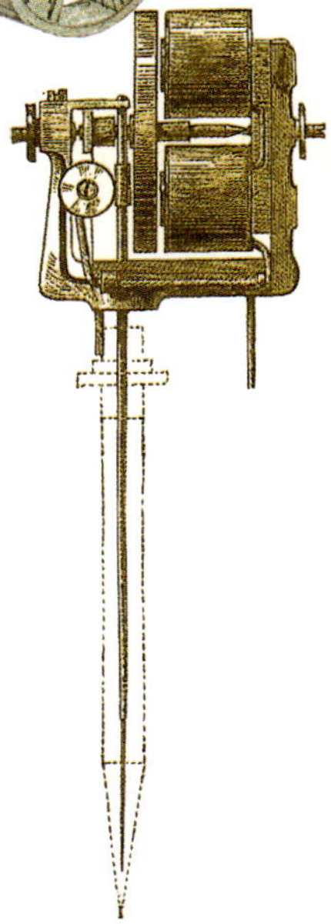

El bolígrafo eléctrico tenía un pequeño motor, que accionaba un mecanismo que movía la barra de escritura del bolígrafo 130 veces por segundo. La punta de la barra de escritura perforaba una plantilla a través del cual, y gracias a un rollo entintado, se podían obtener muchas copias.

En su laboratorio de Menlo Park, Edison y sus colaboradores realizaron la primera bombilla.

Se utilizó un tubo de mercurio para extraer el aire del globo de modo que se garantizase una mayor duración del filamento.

Thomas Alva Edison tenía fama de ser un incansable trabajador: junto a sus colaboradores dedicaba a sus investigaciones la mayor parte del día, durmiendo poquísimo y comiendo de forma frugal.

El laboratorio de Edison aparece aún poco iluminado. La bombilla eléctrica se utilizará para hacer más luminoso el taller de Menlo Park.

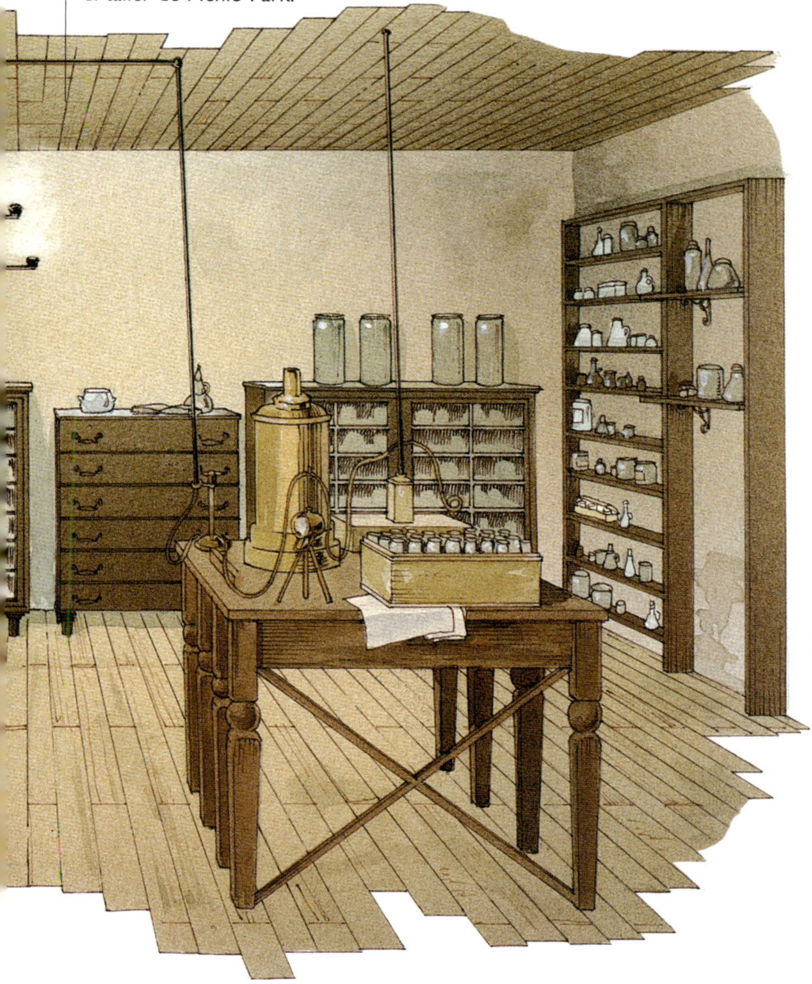

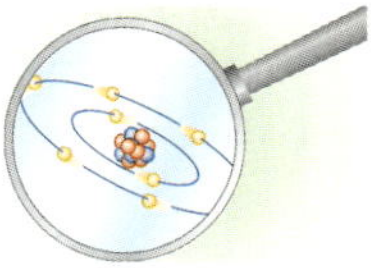

El siglo de la ciencia vol. 24 - pág. 8

A pesar de su intenso ritmo de trabajo, Edison empleó cerca de un año buscando un material para el filamento de la bombilla, que fuera apropiado para resistir a una temperatura tan elevada. Después de haber experimentado con varios materiales, entre los que estaban el oro, el níquel y el hilo de pescar, descubrió que el algodón, tras un oportuno proceso de carbonización, adquiría una notable resistencia al calor y una duración superior a la de cualquier otro material.

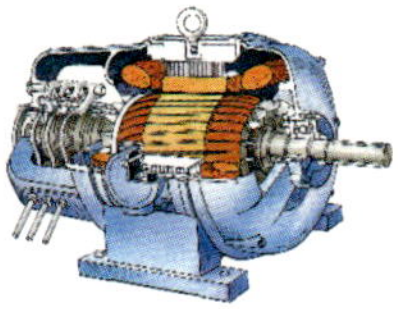

La edad de la electrotecnia

Luz, sonido, electricidad vol. 4.

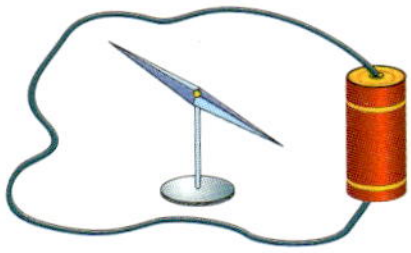

La producción de la electricidad pág. 16

En la segunda mitad del siglo XIX el desarrollo de los motores eléctricos, de las bombillas y de otros aparatos, que poco a poco se iban difundiendo cada vez más, determinó nuevos consumos energéticos. Las afortunadas aplicaciones de la electricidad a la iluminación pública y doméstica, su uso como energía motora y las crecientes exigencias de la industria hicieron cada vez más urgente la disponibilidad de generadores de energía eléctrica de notables dimensiones y de centrales que garantizasen el suministro de electricidad. Las primeras centrales eléctricas capaces de satisfacer las necesidades de las ciudades eran enormes construcciones, a menudo situadas a lo largo de las costas o en las orillas de los ríos. De hecho, el carbón que se utilizaba para las calderas era transportado mediante barcos y el agua era usada

como líquido refrigerante. En la gran mayoría de las centrales eléctricas, las máquinas a vapor alimentadas con carbón constituían los motores primarios de las gigantescas turbinas. Las primeras centrales eléctricas, las cuales sólo producían corriente continua, entraron en funcionamiento en torno a 1880; sólo a partir de la invención del motor de corriente alterna, en 1887, y al disponer de transformadores se pudieron realizar centrales de corriente alterna.

Thomas Alva Edison jugó un papel importante en el desarrollo a gran escala de la electricidad para las fábricas, las oficinas y las viviendas privadas. En 1882, junto a algunos socios, inauguró en Nueva York la central eléctrica de Pearl Street, de la que partían cables que distribuían la corriente a los distritos periféricos de la ciudad. La central estaba provista de calderas a vapor y de dínamo.

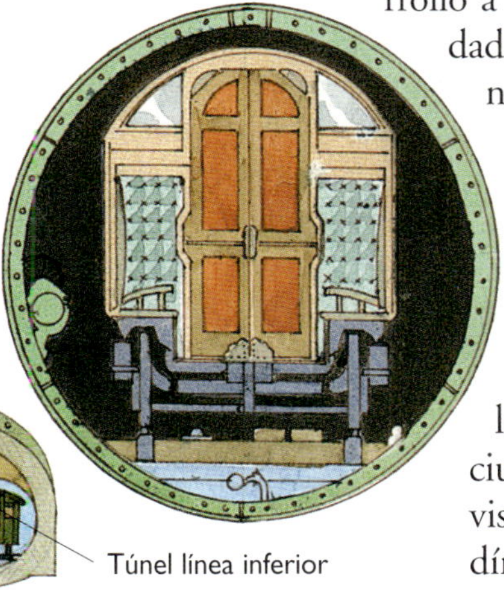

Túnel línea inferior

En 1879, Werner von Siemens presentó en la Exposición industrial de Berlín el primer coche eléctrico y, dos años más tarde, el primer tranvía eléctrico comercial, el cual tenía una longitud de cerca de dos kilómetros.

En 1863 se inauguró en Londres la Metropolitan Railway, el primer metropolitano del mundo; los vagones de pasajeros eran tirados por locomotoras a vapor. En 1890, también en Londres, se inauguró el primer metropolitano subterráneo eléctrico. Se encargaban de la tracción dos pequeñas locomotoras eléctricas y se accedía usando ascensores hidráulicos.

Para alimentar las grandes calderas de las centrales termoeléctricas eran necesarias enormes cantidades de carbón.

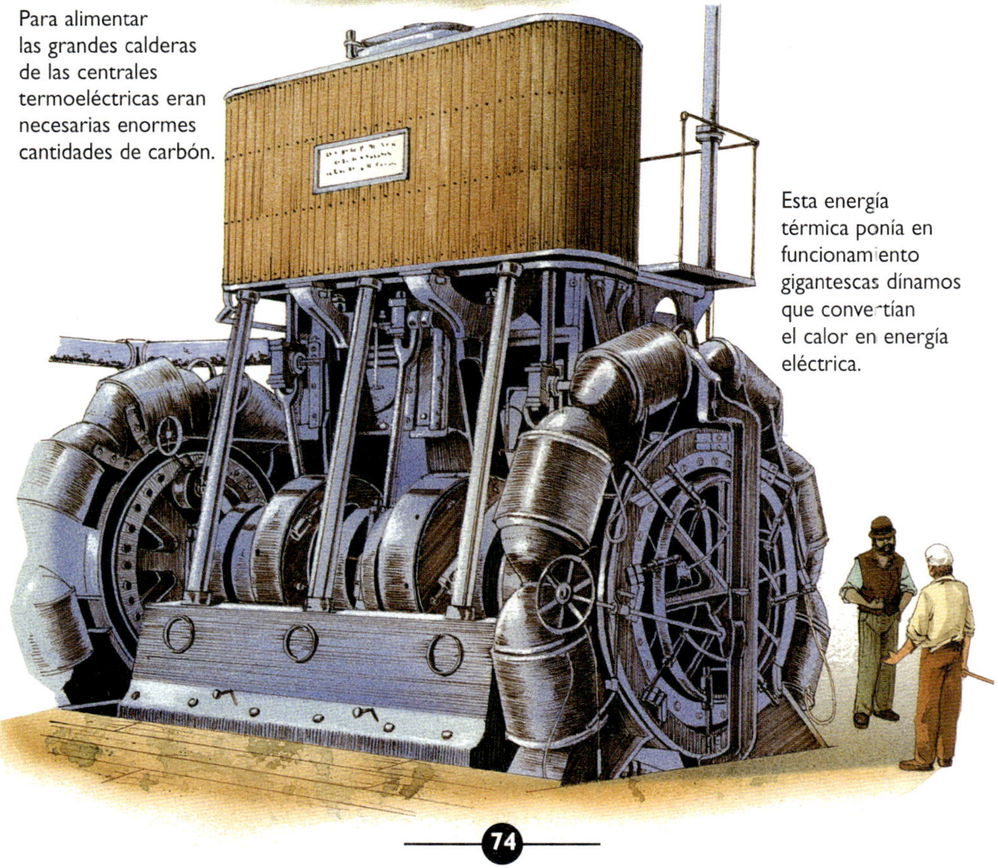

Esta energía térmica ponía en funcionamiento gigantescas dínamos que convertían el calor en energía eléctrica.

En las centrales hidroeléctricas la energía eléctrica se produce aprovechando la energía mecánica del agua en movimiento; sin embargo, las termoeléctricas utilizan la energía térmica de los combustibles y carburantes.

Como a menudo ocurría, esta central eléctrica estaba construida a lo largo de la costa. Así el carbón podía transportarse hasta la central utilizando barcas.

De las chimeneas de las gigantescas centrales salía una gran cantidad de hollín que se depositaba por todas partes.

Tecnologías de la vida cotidiana pág. 82

La electrónica industrial vol. 24 - pág. 48

EL AUTOMÓVIL

A finales del siglo XVIII aparecen los primeros vehículos no tirados por caballos, que se movían gracias al vapor. El primer vehículo a vapor es del año 1769: un carro con tres ruedas para transportar cañones, construido por el francés Nicolas Cugnot. Sobre todo en Inglaterra, los vehículos a vapor se utilizaron como medios públicos. Pero los carruajes de vapor, dotados de una caldera en la que se quemaba carbón, eran demasiado pesados y se abandonaron en cuanto se consiguió obtener un tipo de motor más ligero. En 1860, el ingeniero francés Étienne Lanoir diseñó el motor de explosión, es decir, un motor que quemaba gas de carbón en el interior de un tubo (el cilindro). La fuerza producida por la combustión movía un pistón que daba movimiento a las ruedas. Este modelo, llamado de combustión interna, fue experimentado por el propio Lenoir en un viejo carruaje. Algunos años más tarde el alemán Ni-

Los motores térmicos
vol. 2-pág. 64

En 1874 el coche del alemán Sigfried Marcus tenía un motor de cuatro tiempos y cuatro ruedas.
Era a gas y los habitantes de Viena protestaban por el ruido producido por el motor y las llantas de hierro: el proyecto no tuvo continuación.

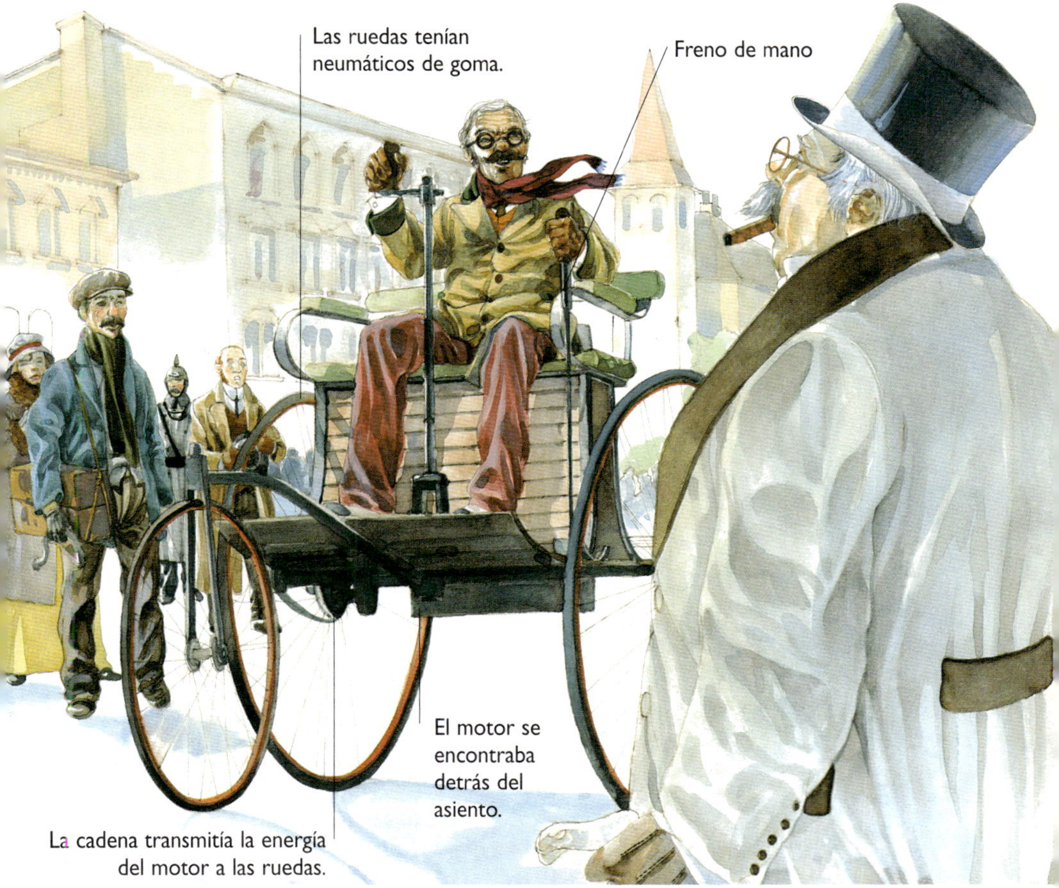

kolaus Otto perfeccionó este sistema inventando el motor de cuatro tiempos –llamado así porque el pistón realizaba cuatro movimientos–, el cual se aplica a los primeros coches. Estos solían tener el aspecto de carruajes, por lo que los llamaban «carruajes sin caballos». A partir de los años 80, los ingenieros alemanes Gottlieb Daimlier y Karl Benz trabajaron, independientemente el uno del otro, en la construcción del primer motor de gasolina. Daimlier logró construir un pequeño motor de gasolina que probó en una bicicleta. En el último cuarto del siglo, las innovaciones y perfeccionamientos se sucedieron a un ritmo frenético y el automóvil comenzó a parecerse cada vez más al que hoy conocemos.

Karl Benz inventó un motor de explosión a gasolina y lo colocó en un vehículo de tres ruedas, al que bautizaron *Motorwagen*. Este vehículo, examinado y aprobado en 1885, podía viajar a una velocidad de tan sólo 14,5 kilómetros por hora. Su aspecto era parecido al de una calesa y, para dirigirlo, el conductor del coche utilizaba una simple barra. El *Motorwagen* fue el primer automóvil que se puso a la venta.

En julio de 1894 se desarrolló, entre París y Rouen, la primera carrera automovilística. De los 32 coches que partieron, sólo 17 lograron llegar a la meta: 10 de estos eran a gasolina.

Puesto que los coches estaban desprovistos de parabrisas, los pilotos llevaban grandes gafas para protegerse los ojos de la enorme cantidad de polvo que se levantaba.

A pesar de las medidas de seguridad adoptadas y la buena calidad de la superficie vial, las primeras carreras automovilísticas se vieron perturbadas por aparatosos accidentes.

Las primera carreras automovilísticas fueron también una ocasión para hacer publicidad de los últimos modelos producidos.

El siglo
del automóvil
vol. 24 - pág. 18

La industria del automóvil realizó grandes progresos gracias a la invención del neumático con cámara de aire. Aplicado en un principio a la bicicleta, este se reveló de gran valor para el automóvil. Las carreteras no estaban aún asfaltadas y el neumático permitía atenuar los efectos de la aspereza del terreno.

LOS GRANDES CAMBIOS DE LA PALEONTOLOGÍA

La interpretación de los fósiles vol. 22 - pág. 22

El comienzo del estudio científico de la especie humana está estrechamente ligado a la teoría darwiniana de la descendencia del hombre de los primates del Viejo Mundo. Los fósiles hallados en el siglo XIX permitían a los estudiosos, además de demostrar el parentesco entre los humanos y el mono, datar de una forma más rigurosa la propia edad del ser humano. A mediados del siglo XIX, algunos hallazgos de restos fósiles pertenecientes a monos antropomorfos descubiertos por el francés Edouard Lartet –el fundador de la paleontología humana–, demostraron la continuidad entre esta especie y la humana. Paralelamente, las excavaciones arqueológicas sacaron a la luz varios objetos de piedra, bronce y hierro, testimonios de civilizaciones antiquísimas que, gra-

Los restos fósiles, además de ser objetos de gran valor para el estudio científico, se convirtieron, gracias a los museos, en piezas de interés y curiosidad para el gran público.

Charles Darwin pág. 40

Varios cráneos, con una antigüedad de unos 600 000 años, fueron encontrados en diferentes partes del mundo, y atribuidos a individuos primitivos, con una capacidad craneal mucho más amplia que la del *Homo Habilis*, genéricamente llamado antropopiteco.
El *Pithecanthropus* (al lado, la caja craneal encontrada por Dubois) ya poseía la posición erecta.

cias a técnicas estratigráficas, fueron situados en el cuaternario, período de la aparición del hombre.
En 1865 en Neanderthal, cerca de Düsseldorf, en Alemania Occidental, algunos excavadores hallaron en una caverna partes de un esqueleto humano fósil, entre ellas un casquete craneal. Se trataba de un homínido –que había vivido aproximadamente hace entre 150 000 y 34 000 años– de estatura media y complexión muy robusta, evidentemente adaptada al duro clima de la era glacial, con una capacidad craneal parecida a la nuestra, con la frente hundida y los arcos de las cejas prominentes. Otros ejemplares del hombre de Neanderthal, como se le llamó, fueron hallados en otras localidades europeas. Esos restos, junto a los utensilios que solían tener al lado, permitieron poder hablar de una raza humana, cercana a la actual, difundida durante el primer Pleistoceno por toda Europa, y de la cultura prehistórica: vivían en las cavernas, conocían el fuego y enterraban a sus muertos.
Hallazgos posteriores obligaron a los paleontólogos a ampliar notablemente los tiempos de la evolución de la especie humana. En 1891, el médico holandés Eugène Dubois descubrió en Java la caja craneal de un primate con una capacidad de 900 centímetros cúbicos, intermedia entre la de los monos y la humana. Dubois lo consideró el antepasado directo del ser humano y lo llamó *Pithecanthropus erectus*. El examen de los estratos geológicos en los que se había descubierto el fósil permitieron datar la edad –entre medio millón y un millón de años– y situarlo dentro de la especie del *Homo Erectus*.

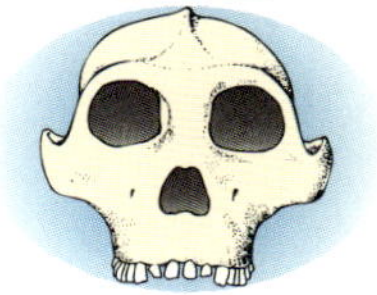

La evolución del hombre vol.17

En los orígenes de la humanidad vol. 24 - pág. 64

TECNOLOGÍAS DE LA VIDA COTIDIANA

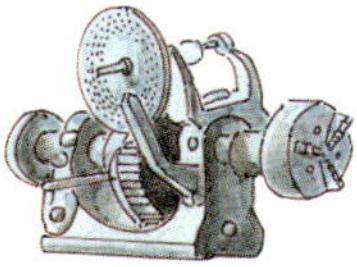

La tecnología mecánica
pág. 36

Edison inventa la «innovación»
pág. 68

La edad de la electrotecnia
pág. 72

El XIX no es sólo el siglo de los grandes descubrimientos científicos y tecnológicos en el campo de la industria, sino también el periodo en el que se asiste al nacimiento de una serie de inventos que cambiarían radicalmente la vida cotidiana de los hombres. Si fuera de los muros domésticos los tranvías, el metro y el tren enriquecían e incluso alteraban el ambiente externo, en el ámbito doméstico se producían cambios no menos importantes. Se mecanizaba el trabajo en las fábricas y en el campo; en el ámbito doméstico, la invención de la lavadora en 1858 o de la máquina de coser facilitaban las tareas cotidianas de mujeres y hombres. La invención de la máquina de escribir –ideada por el tipógrafo americano Latham Sholes en 1866– impulsó la entrada de las mujeres en el mundo laboral y supuso el nacimiento de la figura de la secretaria.

La máquina de coser representó un progreso y encontró rápida aplicación tanto en la industria textil como en la costura doméstica. La primera -construida, después de algunos experi-

Máquinas como la lavadora y los pequeños electrodomésticos facilitaron las labores de las amas de casa y posibilitaron su inserción en el mundo laboral.

En 1850, Isaac Singer mejora el funcionamiento de la máquina de coser: le incorpora un pedal que dejaba las manos libres. Esto representó un gran progreso; la máquina tuvo un éxito extraordinario y dio salida a la producción en serie.

mentos, por el americano Elia Howe en 1845- consistía en una máquina que, provista de aguja con ojo y lanzadera independiente, cosía horizontalmente una tela dispuesta en vertical. La máquina de coser encontró en seguida una buena aplicación en el mercado de los uniformes de los soldados, esto representó el primer encargo masivo en el campo de la sastrería.
A finales de siglo, pequeños y potentes motores inauguraron una nueva generación de artilugios y maquinarias que hicieron más cómoda la vida cotidiana.

Las primeras máquinas de escribir se pensaron para el uso de los ciegos. Después fue sometida a sucesivas mejoras y, ya en 1875, la de Remington, que reunía todas las características de una máquina de escribir moderna, se produce industrialmente. En ella reconocemos todas las características fundamentales de la máquina de escribir moderna.

La electrónica industrial
vol. 24 - pág. 48

El desarrollo de la televisión
vol. 24 - pág. 50

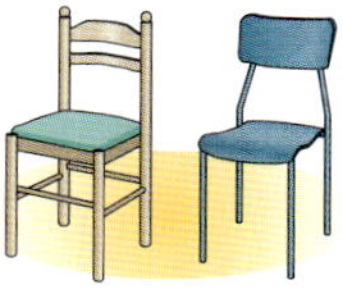

La invención del plástico
vol. 24 - pág. 56

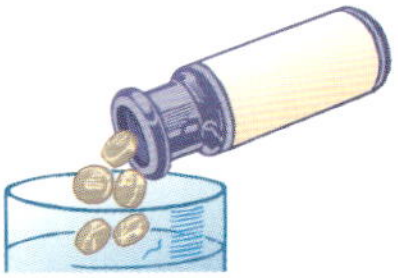

LA FARMACOLOGÍA MODERNA

En el transcurso del siglo XIX en los países más industrializados y con mayor potencial económico –como por ejemplo Alemania– se desarrolló la industria farmacéutica paralelamente a la industria química de los colorantes. La producción de sustancias capaces de aliviar el dolor –como los fármacos– respondía a necesidades precisas de la nueva sociedad: de hecho, la urbanización y la industrialización conducían a un empeoramiento de la calidad de vida y a un aumento de determinadas patologías. Por otra parte, era indispensable que los obreros fueran eficientes y gozasen de buena salud para garantizar el funcionamiento de las industrias.

En la segunda mitad del siglo XIX una importante innovación marcó el comienzo de una verdadera industria farmacéutica: hasta aquel momento los medicamentos eran extractos de sustancias vegetales o

La industria química pág. 56

animales, pero ahora se podían producir mediante síntesis química, es decir, en laboratorio. Esto hacía del fármaco no sólo un remedio eficaz sino también un producto que empezó a comercializarse masivamente en el mercado. En 1888 la industria alemana Bayer lanzó al mercado la Fenacetina, el primer fármaco sintético. Diez años más tarde (1898) comercializó su fármaco más célebre, la aspirina, cuya base era el ácido acetilsalicílico, remedio eficaz para el reumatismo y los dolores. La aspirina se definió como el fármaco «milagroso» y rápidamente adquirió tanta popularidad que en poco tiempo en el mercado había ya unas 60 marcas de la misma sustancia.

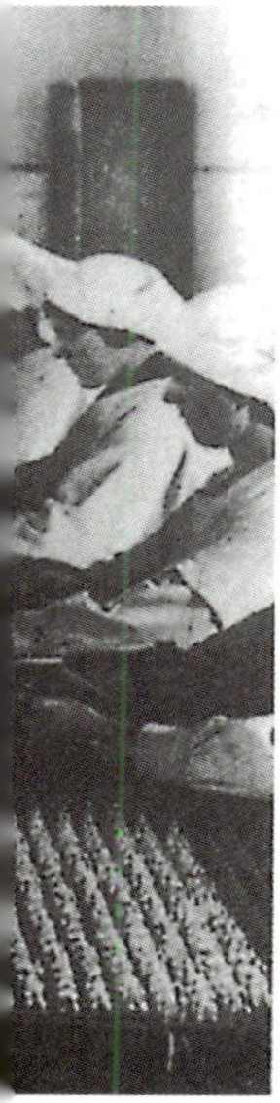

El descubrimiento
de los antibióticos
vol. 24 - pág. 44

La Bayer era una industria química destinada a la producción de colorantes. Sólo a partir de los años 80 se orientó hacia la producción de fármacos y gracias a la aspirina adquirió fama internacional. Actualmente se ha calculado que cada año se consumen en el mundo más de 100 000 millones de aspirinas.

El ácido salicílico recibió este nombre porque se encontraba en la corteza del sauce. Se descubrió por casualidad que era eficaz para la curación de las fiebres de la malaria. La adición de un grupo acetílico para formar el ácido acetilsalicílico que contiene la aspirina fue un proceso largo y complejo: se debían eliminar los efectos colaterales que inicialmente anulaban –o casi anulaban– los beneficios del fármaco.

La invención del cine

Ya desde 1852 algunos investigadores lograron descomponer fotográficamente el movimiento. El primer antepasado del cine fue un aparato llamado Zootropo constituido por una serie de dibujos que se introducían en el interior de una rueda montada horizontalmente y provista de una fisura. Esta rueda hacia posible que se vieran los dibujos en una secuencia rápida, de tal modo que se creaba la ilusión del movimiento. Progresivamente se utilizó el reciente descubrimiento de la fotografía para captar un movimiento continuo por etapas, con el fin de reproducirlo. El primer aparato capaz de tomar una serie de imágenes fotográficas necesarias para realizar una proyección animada fue el cronofotógrafo, un antepasado de las modernas cámaras de cine que data de 1888. El funcionamiento de este aparato consistía en pasar la película por delante del objetivo de modo intermitente, parando cuando tenía que fotografiar alguna imagen. En 1892 Edison creó el cinetoscopio, un aparato para proyecciones, de breve duración, de imágenes en movimiento, sólo visibles a un espectador. Combinando todos estos descubrimientos, los france-

El cine
vol. 4 - pág. 44

Las primeras proyecciones cinematográficas reflejaban eventos públicos y deportivos y a veces se atrevían con cortometrajes de ficción. La impresión que al público le producían era tan fuerte que incluso provocaban reacciones incontroladas de miedo.

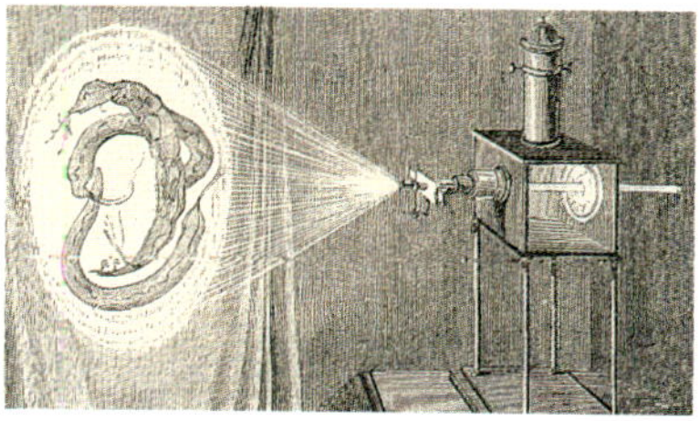

Mucho tiempo antes del nacimiento del cine era posible proyectar imágenes gracias a la linterna mágica, un aparato que mostraba en una pantalla una imagen fija pintada sobre una placa de cristal.

ses Louis y Auguste Lumière crearon un aparato que además de captar las imágenes era capaz de proyectarlas en una pantalla. El atardecer del 28 de diciembre de 1895 un numeroso público asistió en París al primer espectáculo cinematográfico. Las primeras películas eran muy cortas: 15 o 20 metros de película que duraban pocos minutos. Al cabo de un decenio duraban más de una hora y la película alcanzaba ya una longitud de cerca de 2 000 metros. A finales del siglo XIX el cine fue el invento que incidió de manera más determinante en la cultura del siglo que entraba y significó el primer paso del desarrollo de la industria cultural para masas.

El desarrollo de la televisión vol. 24 - pág. 50

EL DESCUBRIMENTO DE LOS RAYOS X

Una radiografía que permite ver el interior de nuestro cuerpo es hoy en día algo muy normal, pero no hace un siglo. El descubrimiento de los rayos X, es decir de aquellas radiaciones que permiten «fotografiar lo invisible» tuvo lugar a finales del siglo pasado por pura casualidad. En 1895, mientras realizaba experimentos acerca de las propiedades de los cristales con un tubo de rayos catódicos, el científico alemán Wilhelm Roentgen se dio cuenta de que algunos cristales, incluso estando lejos del tubo, se hacían fluorescentes y que la parte de cristal del tubo, si se colocaba frente al cátodo, emitía radiaciones. Al no poder identificar estos rayos los llamó rayos X, es decir, desconocidos. Se trataba de radiaciones electromagnéticas –como las ondas luminosas o las ondas de radio– que penetraban más o menos fácilmente en la materia según la densidad de esta: «atravesaban» las partes blandas del cuerpo y «fotografiaban» los huesos. El descubrimiento de los rayos X llamó la atención de la comunidad científica y atrajo la curiosidad inmediata de la gente común. Tal descubrimiento le valió a Roentgen el premio Nobel

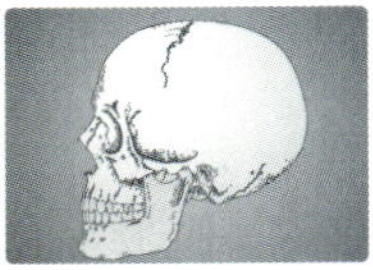

Los rayos X
vol. 4 - pág. 20

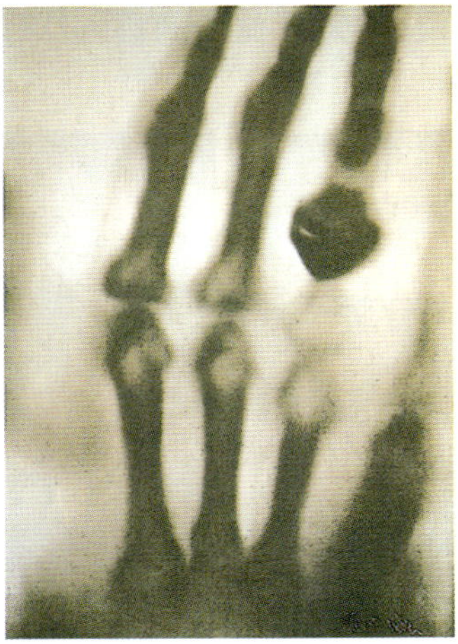

La imagen de la mano de la mujer de Roentgen representa la primera radiografía de la historia.

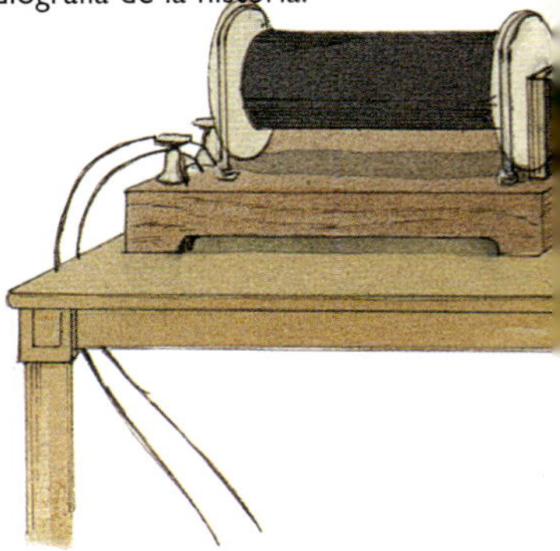

(en 1901). Actualmente la medicina utiliza los rayos X para observar el interior del cuerpo humano: el negativo de una película fotográfica muestra los huesos en color blanco en tanto que los órganos aparecen más o menos transparentes. Sin embargo, sabemos que dosis elevadas de rayos X son nocivas; por lo cual los exámenes radiográficos deben realizarse sólo en caso de necesidad.

Los rayos emitidos por el tubo catódico se veían bloqueados por materiales muy densos como los huesos. La imagen del esqueleto se proyectaba después sobre una pantalla, cuyo material impedía el paso de los rayos.

El 22 de diciembre de 1895 Roentgen llevó a su mujer a su laboratorio y le fotografió la mano con rayos X.

EL NACIMIENTO DE LA FÍSICA ATÓMICA

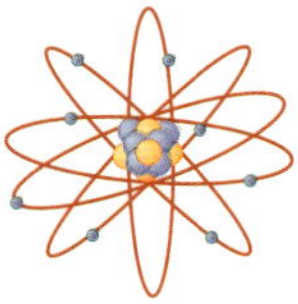

¿Cómo está formado un átomo?
vol. I - pág. 12

La teoría atómica
pág. 12

En 1896 se había descubierto que las sales de uranio tenían la propiedad de emitir espontáneamente radiaciones. En 1898 el matrimonio francés Pierre y Marie Curie descubrió que otros minerales de uranio y de torio poseían la misma fluorescencia. Examinando un mineral de uranio, la pecblenda, los Curie lograron aislar –gracias al análisis químico y a la medición de la radioactividad– diversas partes: un primer elemento muy radiactivo, llamado por ellos Polonio (en honor a la patria de Marie Curie), y otro todavía más radiactivo que emitía rayos invisibles capaces de impresionar una placa fotográfica. Los Curie se procuraron toneladas de pecblenda y después de cerca de cuatro años obtuvieron un decigramo del nuevo elemento que llamaron Radio (es decir, irradiador).

El radio emitía luz, calor y una radiación capaz de penetrar a través de muchos cuerpos. Los Curie descubrieron seguidamente que en los fenómenos radiactivos se producía energía en forma de acción química –de cargas eléctricas y de movimiento de corpúsculos– y formularon la hipótesis de que los cuerpos radiactivos, al transformarse lentamente, generaban energía. A ellos se debe el uso del término radiactividad para indicar la propiedad de emitir radiaciones ionizantes (alfa, beta y gama); actualmente sabemos que las radiaciones ionizantes pueden dañar las células de los organismos vivientes que, bajo el efecto de la radiación, se dividen mucho y rápidamente. De ahí que la radioterapia se utilice para combatir los tumores.

Las aplicaciones de la radiactividad a la física, a la química, a la geología, a la meteorología y a la medicina fueron numerosas y las investigaciones de los Curie se orientaron también hacia los efectos fisiológicos de las sustancias radiactivas.

La mecánica cuántica
vol. 24 - pág. 14

a alta concentración de radiactividad resente en el laboratorio de os Curie contribuyó a que surgiera na forma de leucemia que llevó la muerte a la señora Curie.

Casi inmediatamente se le atribuyeron al Radio efectos beneficiosos para la salud y a menudo se empleaba también para intervenciones de estética, como la extirpación de un lunar. Sólo posteriormente se conocieron los efectos negativos que el Radio podía provocar en el ser humano: si es sometido a frecuentes radiaciones, estas provocan quemaduras y lesiones.

La exploración del átomo
vol. 24 - pág. 26

Índice analítico

Los números en cursiva se refieren a la página en la que el argumento se trata de modo específico